大都會文化
METROPOLITAN CULTURE

大都會文化
METROPOLITAN CULTURE

世界十大富豪

他們背後的故事

本書謹獻給所有胸懷大志且潛力無窮的朋友們

精選《富比士》全球億萬富翁排行榜上成就輝煌的十位世界級企業家的商業傳奇，將讓您全面了解這些大人物是如何從無到有、從A到A⁺，如何領導縱橫四海的大型企業，如何締造出驚人的財富，如何不斷超越自我的極限，從而站上世界的舞台發光發熱，以及他們成功人生背後的故事……

張晏齊◎編著

前言

美國知名商業雜誌《富比士》發布了二〇〇八年全球億萬富翁排行榜後，最引人注目的事莫過於已經蟬聯十三年世界首富的比爾·蓋茲，排名在股神沃倫·巴菲特、墨西哥電信霸主卡洛斯·斯利姆·赫魯之後。此外，因為經濟強勁成長和原物料價格大漲，俄羅斯、印度、中國的超級富豪人數都大幅增加，在世界前十大富豪裡，印度籍的富豪就占了四名。

人們總喜歡從這個極具代表性與公信力的財富金榜裡讀取世界的變化、趨勢，也十分好奇這些「坐在世界頂峰的人」的致富歷程，以及這些大人物是如何超越了國界的限制，打造了無數商業史上的奇蹟，他們成功的背後又有些什麼樣的故事。

在《華人十大富豪》一書著眼於華人社會裡最耀眼的十大富豪之後，本書放眼世界舞台，精選成就輝煌的十大富豪的商業傳奇。人物的選取，除了參酌最新排行的名次之外，也格外重視那些雄踞排行榜多年，現今仍持續發揮龐大影響力的富豪及他們所領導的事業體。

本書所選取的十大富豪，分別領航了世界的投資市場、電信業、鋼鐵業、科技業、家居用品業、製造業、博弈業、時尚精品業、服務業、零售業等各大領域。

他們的出身迥異，在奮鬥的過程裡也有著極為不同的境遇，在取得巨大成功之後，不僅言行舉止備受世人的關注，其在事業上的決策往往影響了世界的脈動。

更重要的是：他們所代表的意義，絕不只是那些對尋常百姓來說宛如天文數字般的財富，而是那些經營觀點之後蘊藏的人生智慧。他們在創造企業價值的同時，也往往懷抱著遠大的夢想，希望帶給人們新的觀點、更好的生活，或是更有效率地運用財富來幫助世上需要幫助的人，讓物質意義上的有限價值，轉化為精神意義上的不朽價值。

閱讀傳記是重要的，因為在別人的故事裡，不僅可以開拓我們的人生視野、格局，也可以從中獲取無數寶貴的智慧、勇氣，而對胸懷大志並潛力無窮的人來說，閱讀成功人士的傳記，等於是站在巨人的肩膀上看世界。有為者亦若是，讓我們共勉之！

世界十大富豪

目錄

Contents

3

坐在世界巔峰的人——比爾・蓋茲

4

誕生於沙漠的財富之神——拉克希米・米塔爾

5

新家居文化的創造者——英瓦爾．坎普拉德

6

亞洲的財富超人——李嘉誠

7

威尼斯人酒店至尊——謝爾登．阿德爾森

8 時尚精品界的拿破崙——貝爾納・阿爾諾

9

跳脫傳統智慧的創造者——賴瑞．艾利森

10

沃爾瑪傳奇的繼承者——羅伯森·沃爾頓

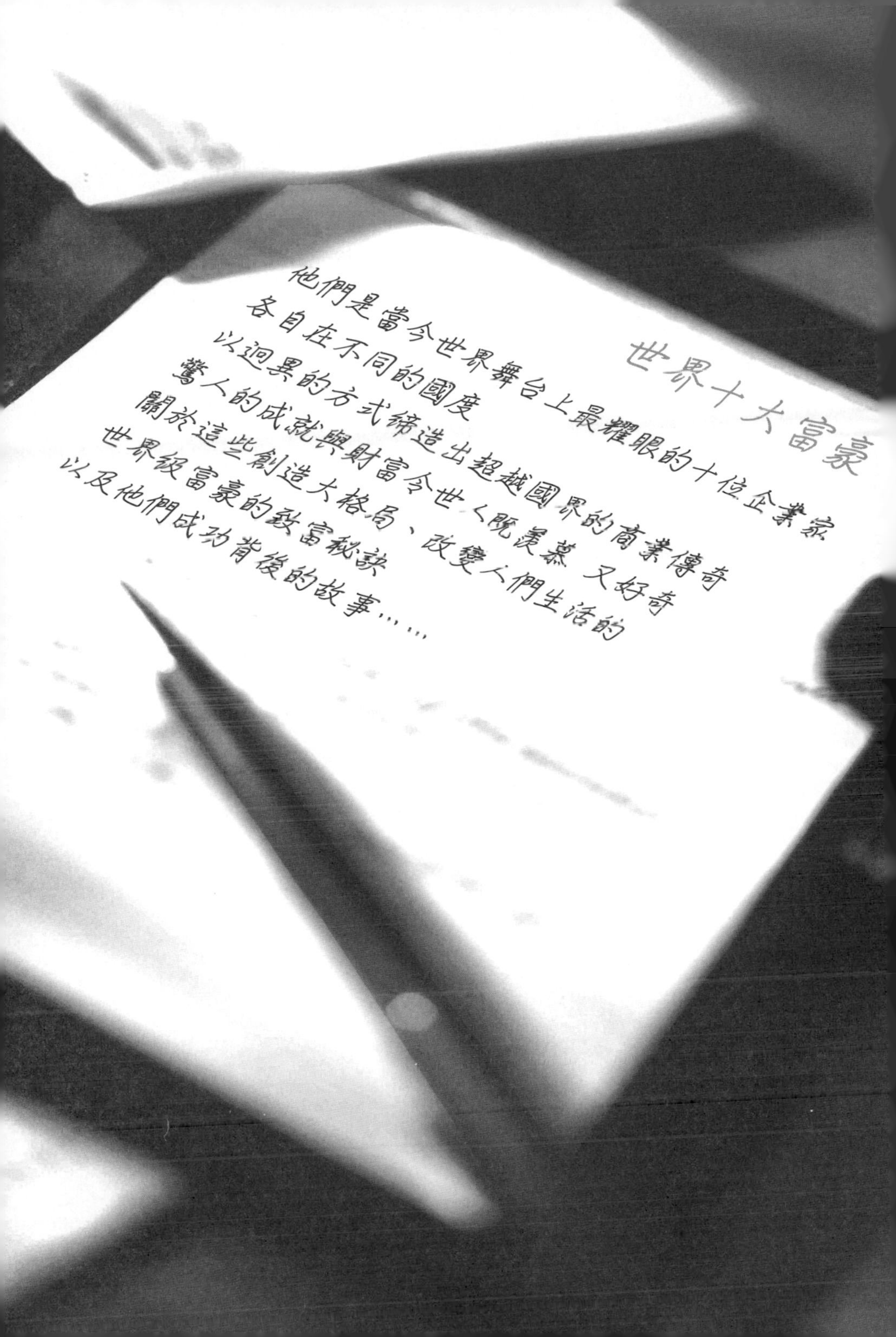
世界十大富豪
他們是當今世界舞台上最耀眼的十位企業家
各自在不同的國度
以迥異的方式締造出超越國界的商業傳奇
驚人的成就與財富令世人既羨慕 又好奇
關於這些創造大格局、改變人們生活的
世界級富豪的致富秘訣
以及他們成功背後的故事……

1 左右世界的股神——

沃倫・巴菲特

Warren Buffett

師格拉哈姆所經營的投資公司「格拉哈姆新人類」
格拉哈姆想確保只聘
用猶太人的原則而婉拒了這個優秀學生的就職申
於是巴菲特回到家鄉，在父親所經營的小
司工作，另一方面他仍不斷
寫信給他的老師，把自己的投資心得告訴格
姆。一九五四年，格拉哈姆終於
邀請巴菲特到他的公司任職，巴菲特在新
類的工作維持了兩年，因為當時格拉
哈姆決定隱退，把公司解散了。
巴菲特二十六歲那一年，他作為投資家的資歷還很淺，但是靠著投資，他
讓之前送報紙累積的一萬美元，輾轉增值到十四萬美元，這實在是非常出色的成
績！
一九五六年格拉哈姆新人類解散之後，巴菲特再次回到家鄉，這回他決心要
闖出一片天，他甚至在一次聚會中對父親的一個朋友這樣說：「我在三十歲
就要成為百萬富翁，如果辦不到的話，我就從奧馬哈市最高的建築
說出豪語的巴菲特積極尋求親友的支持，沒過多久，
千美元給他作為創業基金，巴菲特有限公司就此成

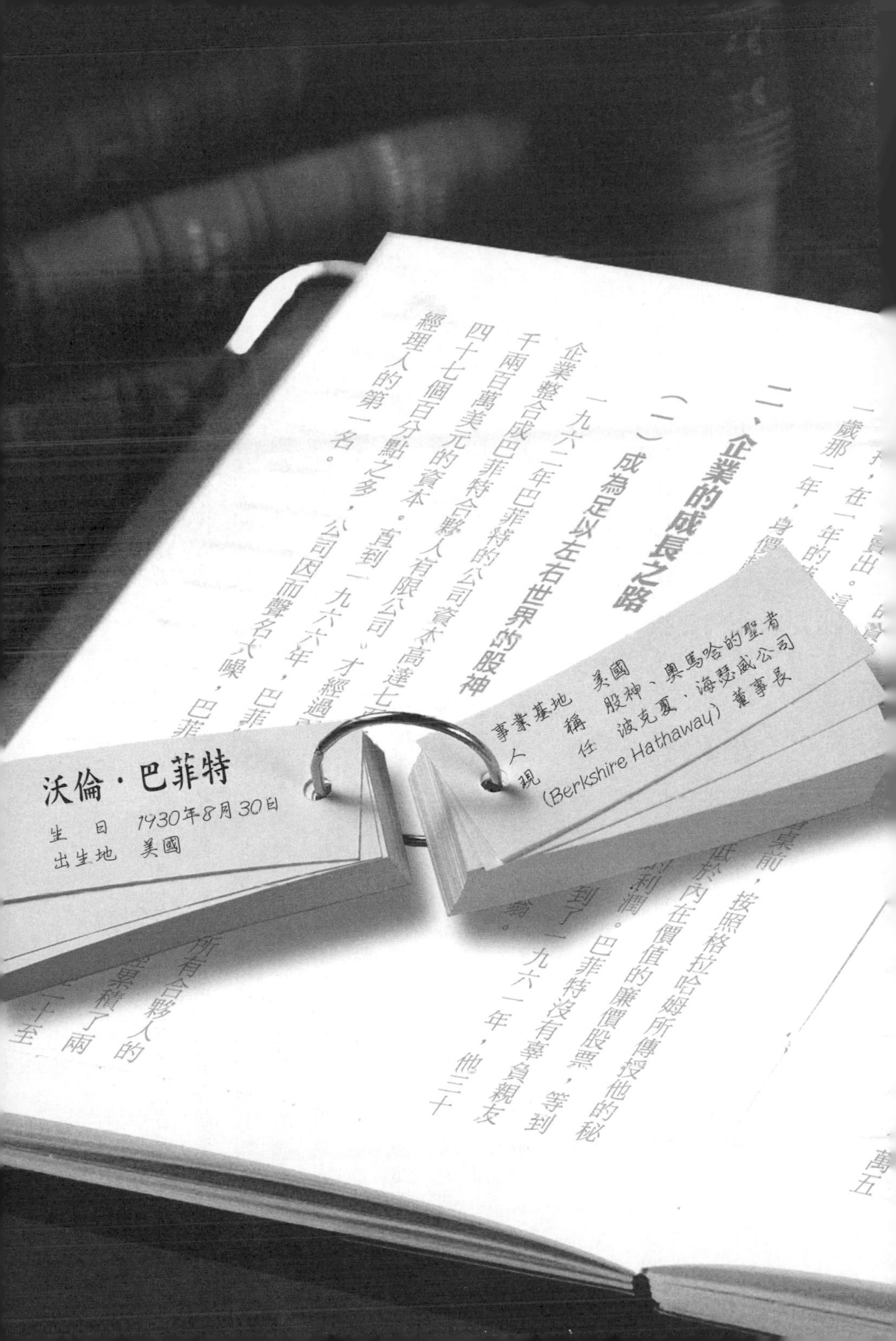
沃倫·巴菲特
生　日　1930年8月30日
出生地　美國
事業基地　美國
人　稱　股神、奧馬哈的聖者
現　任　波克夏·海瑟威公司
(Berkshire Hathaway) 董事長

事業

沃倫．巴菲特是一位極具傳奇性色彩的人物，他是世界上唯一一位只靠投資證券便穩居世界富豪寶座的股票投資者，也是以小錢起家的典型範例。他極善於分析股票市場及選擇股票，擁有極高超的投資哲學，並精於投資策略的運用，是所有股票投資者心目中的股神。由他主其事的波克夏公司，在過去的幾十年裡，每年的投資報酬率平均超過百分之二十一點五，成績卓越，無人能敵，因此該公司所召開的全球股東大會總像是一場朝聖大會，吸引數以萬計的投資者，親自前往聆聽股神的寶貴意見。二〇〇八年的全球股東大會，聚集了近三萬名的投資者，這場會議中，巴菲特表示因為美國房市泡沫化的衝擊，高報酬率的時代已經過去了，往後的報酬率若能達到百分之十，就非常令人滿意了。同時，巴菲特認為未來的投資標的是和美元脫鉤的產品，而投資人若能專注於選股，或是去買涵蓋整個市場的指數基金，就不需太在意經濟循環的問題。

重要榮譽

☆一九九六年沃倫．巴菲特被美國的《財富》雜誌評為美國第二大富豪，並被公認為「股票投資之神」。

☆二〇〇三年八月，名列美國《財富》雜誌「美國十位最有影響力的商人排行榜」的榜首。

財富金榜

☆據二〇〇八年《富比士》雜誌的統計，沃倫．巴菲特個人的資產淨值高達六百二十億美元，打敗了蟬聯十三次世界首富的比爾．蓋茲，成為世界新首富。

名言

．創造財富的關鍵並不在於智商，而在於習慣，你必須有好習慣。

．別人贊成你也罷，反對你也罷，都不應該成為你做對事情或做錯事情的理由。我們不因為大人物，或大多數人的贊同而心安理得，也不因為他們的反對而擔心。

．如果你不能從根本上把問題的所在弄清楚，並進一步思考，你永遠無法把事情做好。

．要量力而為。你應該去發現自己生活與投資的優勢所在。每當偶然的機會降臨，而你對這種優勢有充分的把握時，你就應當全力以赴，甚至孤注一擲。

．短期股市的預測是毒藥，應該把它擺在最安全的地方，遠離兒童以及那些在股市中行為像小孩子般幼稚的投資人。

．世界上購買股票的最愚蠢動機是：股票正在上漲。

．選擇少數幾種可以長期產生高於平均效益的股票，將你的大部分投資集中在這些股票上，不管股市短期的跌升，只要你堅持持股，就可以穩中取勝。

．我想給子女的，是足以讓他們能夠一展抱負的財富，但這筆金錢絕不會多到讓他們最後一事無成。

我對自己所擁有的錢，並無任何的罪惡感，因為這些錢，代表了無數未來將由社會來兌現的支票。我不過是擁有許多支票，可以轉化成消費。如果願意，我可以雇用一萬個人，每天只要幫我作畫就好，如此一來，國民生產總值（GNP）便可提升。但這些事是毫無作用的，只會讓那些原本可以進行愛滋病研究、教學，或相關的醫護人員減少許多而已。不過，我不會做這種事，因為我很少去兌現支票，物質生活原本就不是我所追求的。因此，在我和妻子離開人世時，我會將這些支票全部捐獻出來，作為慈善之用。

一、第一桶金

（一）驚人的投資天份

沃倫．巴菲特（Warren Buffett）出生於美國中西部內布拉斯加州的最大城市——奧馬哈，排行第二，上面有一個姊姊。巴菲特的父親哈瓦德本來是一位證券營業員，但受到紐約股市大崩盤的影響，其所任職的證券公司倒閉，哈瓦德因此失業，當時巴菲特才快滿一歲。

為了生計，哈瓦德與朋友一同創辦了一家證券公司，不過營運的狀況很糟糕，幾乎沒有什麼收入，加上巴菲特的妹妹剛出生，哈瓦德一家五口的經濟狀況越來越吃緊。巴菲特從出生起就過著貧窮的艱困生活，或許是這段幼時的經驗讓他深刻了解了窮人的處境，因此即使日後他成了世界上數一數二的有錢人，也始終一身的儉樸，毫不迷戀物質慾望。

巴菲特進入小學後，家境有了些許的改善。當時他的祖父經營一家雜貨店，小小年紀的巴菲特就展現出早熟的商業天份，他透過祖父的商店，用二十五美分購買六瓶裝的可口可樂，然後在自己的住家附近，以一瓶五美分的錢賣出去，這樣他每賣出一箱可口可樂就能賺進五美分的零用錢。

因為父親從事證券交易的行業，巴菲特很小的時候就接觸到股票市場，他經常到父親的辦公室，對於那些記錄在黑板上的股票價格和證券行情的變化特別感興趣，總是站在黑板前看得出神，有時還跑到同一棟大樓的其他證券公司去玩，有模有樣的讀著黑板上各式各樣的股票價格。

除了股票，對於所有與數字相關的事物，巴菲特都有濃烈的興趣與奇高的敏感度，例如他的朋友只要說出一個城市的名稱，他就能準確的說出該城市的人口數，另外像是棒球比賽的比數、賽馬的預測等等，也都能很清楚的說出來。

巴菲特第一次投資股票時才十一歲，那一回他用零用錢幫自己和姊姊各買了三張股票，購入的價錢是每股三十八美元，然後一路下跌到二十七美元，巴菲特等到價格回復到四十美元的水準才把股票賣出去，這是他第一次投資股票所得的收穫。不過，幾年後他所賣出的股票漲到了每股兩百美元，他才知道原來投資股票需要耐心等候收益的時機，這個概念也成了他日後最重要的投資信條之一。

基本上巴菲特幾乎不向父母拿零用錢，而是靠著自己送報紙（從他的手中前後總共送出六十萬份的報紙）、與朋友合作彈球機的生意等方式來賺取零用錢。在他十六歲左右時，已經賺取了六千美元，此外，他在學校的成績也不錯，高中畢業時的成績名列全校前二十名。

（二）格拉哈姆的啟蒙

高中畢業後，巴菲特先進入著名的賓州大學。賓州大學在金融領域的專業，被評為美國第一，但巴菲特在入學一個月左右後就把所有的教科書讀完，然後不再看教科書，也很少去學校，因為在這之前他早已讀過幾十本經濟學相關的書籍，學校的課程對他而言實在太乏味了。不去上學的時候，他經常去的地方是城市內的證券公司。儘管他不再溫習課業，也極少去上課，但由於具有過目不忘的驚人記憶力，期末考試時他還是考了最好的成績。

因為感到太過於無聊，巴菲特決定離開這所名校，他回到出生地奧馬哈，進入當地的大學就讀，不過他還是沒有把時間用在學校的課業上，而是把所有的精力用在配送報紙，以及高爾夫球專賣店的事業上。

雖然對學校的課業興趣缺缺，但不表示他不喜歡求知，相反的，他總是主動閱讀大量的經濟類書籍。十九歲那一年，從當地的大學畢業時，巴菲特在銀行的存款達到九千八百美元。接著他向哈佛大學申請入學，不過並沒有被錄取。

巴菲特考慮著自己將來要走的路，他想到了一本帶給他相當大啟發的新書——《聰明的投資家》的作者班傑明．格拉哈姆（此人被譽為近代證券投資理論之父），他相信能夠從格拉哈姆那兒學到更多東西，於是去報考了格拉哈姆任教的哥倫比亞大學商學院，並順利取得入學資格。

在這個商學院，巴菲特如願以償地成了格拉哈姆的學生，而且是課堂上最年輕的一位，同學當中還有許多是在華爾街工作的金融人士，但巴菲特努力的程度完全不輸給他們，有不懂的地方也總是第一個向老師發問，和格拉哈姆一來一往的問答非常的精采。

格拉哈姆的投資理論對於巴菲特的影響深遠，尤其是「格拉哈姆．多德理論」，甚至讓巴菲特發出「真是遇到神了」這樣的感嘆。[1]

巴菲特除了對格拉哈姆的理論著迷，對於他所經營投資的相關企業也相當關心，例如由格拉哈姆擔任董事長的國家保險公司，巴菲特在一九五一年一月的某一個星期六，到其位於華盛頓的總公司拜訪。在拜訪之後，他認為這家公司在競爭中具有特別的優勢地位。回紐約後，他又拜訪許多華爾街的保險專家，把自己的意見告訴他們，但這些專家卻都和他持相反的意見。

雖然專家們提出了相反的意見，巴菲特卻顯得十分開心，因為只有他自己看到國家保險公司的魅力。同一年，他拿出由送報紙累積下來的一萬美元購買了國家保險公司的股票，一年之後就獲得了百分之五十以上的升值收益。十足證明了巴菲特的投資眼光。

一九五一年六月，格拉哈姆給予巴菲特A+的成績，巴菲特是這個大學商學院第一位獲得這樣優秀成績的畢業生，年僅二十一歲的巴菲特就以這樣優秀的成績從研究所畢業了。

畢業後，巴菲特對於到大企業工作沒有興趣，而是希望能到他十分崇拜的老師格拉哈姆所經營的投資公司「格拉哈姆新人類」工作，但格拉哈姆想確保只聘用猶太人的原則而婉拒了這個優秀學生的就職申請。

於是巴菲特回到家鄉，在父親所經營的小證券公司工作，另一方面他仍不斷寫信給他的老師，把自己的投資心得告訴格拉哈姆。一九五四年，格拉哈姆終於邀請巴菲特到他的公司任職，巴菲特在新人類的工作維持了兩年，因為當時格拉哈姆決定隱退，把公司解散了。

巴菲特二十六歲那一年，他作為投資家的資歷還很淺，但是靠著投資，他讓之前送報紙累積的一萬美元，輾轉增值到十四萬美元，這實在是非常出色的成績！

一九五六年格拉哈姆新人類解散之後，巴菲特再次回到家鄉，這回他決心要闖出一片天，他甚至在一次聚會中對父親的一個朋友這樣說：「我在三十歲之前就要成為百萬富翁，如果辦不到的話，我就從奧馬哈市最高的建築物往下跳。」

說出豪語的巴菲特積極尋求親友的支持，沒過多久，親朋好友湊足了十萬五千美元給他作為創業基金，巴菲特有限公司就此成立。

公司成立後，巴菲特整日埋首在家中的書桌前，按照格拉哈姆所傳授他的秘訣，分析一疊又一疊的資料，以尋找並買進那些低於內在價值的廉價股票，等到價錢攀升後再賣出。這一招確實為他帶來相當豐厚的利潤。巴菲特沒有辜負親友的支持，在一年的時間內，就擁有了五家合夥人公司。到了一九六一年，他三十一歲那一年，身價超過了百萬元，成了名副其實的百萬富翁。

二、企業的成長之路

（一）成為足以左右世界的股神

一九六二年巴菲特的公司資本高達七百二十萬美元，巴菲特將所有合夥人的企業整合成巴菲特合夥人有限公司。才經過兩年，他所掌管的公司已經累積了兩千兩百萬美元的資本。直到一九六六年，巴菲特公司的業績超過道瓊指數二十至四十七個百分點之多，公司因而聲名大噪，巴菲特被當地的報紙評選為成功投資經理人的第一名。

然而就在美國股市正在高峰之際，巴菲特開始擔憂，因為很難再找到符合他心中投資標準的股票了。當股市瘋狂大漲的情勢，讓許多投機家大賺一筆的時候，巴菲特堅持原則，一點都不受到影響或誘惑。他深信股票的價格應該建立在企業的業績之上，而非投機者的炒作之上。

巴菲特堅持所學到的投資理論以及過往實踐的心得，沒有走投機的路線，甚至在一九六八年五月股市呈現一片大好的景象時，宣布隱退，他結束與合夥人們的關係，轉而把投資的心力集中在個人的投資行為上。

一九七〇年代起的前四年，美國的經濟低迷、通貨膨脹嚴重，股市呈現疲軟的狀態，多數的投資人只能眼巴巴坐著乾等，再也提不起勁。而許久難以大展拳腳的巴菲特卻暗自高興了起來，他運用早先在一九六五年初買進的波克夏·海瑟威公司，並開始一連串積極的行動，因為他已經看到了許多久違的高內在價值的便宜股票，他非常雀躍的購進這些股票，就等這些潛力無窮的股票日後升值，為他賺進大把大把的利潤。

在這段大環境經濟疲軟的日子裡，巴菲特觀察到報業的潛力，於是他詳細蒐羅資料，經過仔細的分析，他找到最有潛力的兩份報刊——《波士頓環球報》、《華盛頓郵報》，他悄悄購買這兩家報業的大量股票，先後注入了一千萬美元的資金，這兩家報紙的利潤也因為巴菲特的介入大大成長，每年都平均增長百分之三十五。十年之後，巴菲特投注的資金升值到兩億美元。

一九八〇年代，巴菲特相中可口可樂的魅力，投入一點二億元的資金購買該品牌的持股。五年之後，他的投資額又向上升值了五倍之多，這樣的投資報酬率讓全世界的投資人都嘖嘖稱奇、大為讚嘆，並有望塵莫及的感慨。

一九九〇年代，巴菲特又有壯舉，他購進四百三十五萬股（一股七十四美元）美國高科技國防企業集團——通用動力的股票。一九九四年，巴菲特的波克夏公司儼然成了龐大無比的投資金融集團，此後十餘年，巴菲特的觸角也深及了香港、中國，甚至在二〇〇三年引起了一陣「炒港股」的風潮。

波克夏公司擁有了全球八大著名企業的股份，例如：可口可樂、吉列、迪士尼、《華盛頓郵報》等等。巴菲特也由此成了足以左右世界的股神。

（二）簡單而不敗的投資哲學

巴菲特的投資哲學看似簡單，有時甚至簡單到讓人難以置信，例如他認為只要學會評估一家公司的好壞，以及懂得考慮市場價格的方法，就能把握住投資的時機，在投資市場上無往不利。另外，他多次公開提到他的財富經營之道：

他奉行的投資理論是：一、長期投資，投資的不是概念、模式，也不僅僅是股票本身，而是真正的生意，投資能創造可預見性收益的公司；二、討厭股票期權多的股票，像高科技股，稱這種股票是彩票；三、買身邊的品牌。誰做的廣告多，消費者喜歡，就買誰。

而要在股市無往不利的三大秘訣是：第一，盡量避免風險，保住本金；第二，盡量避免風險，保住本金；第三，一定要堅決牢記第一條、第二條。

他也提過一個優秀的投資對象，必須具有以下七個特徵：一、企業有特殊商品性質，產品成本上漲後能提高售價而不至於失去客戶；二、企業經理人員對本行的熱愛幾乎到了狂熱的程度；三、企業的業務不宜過於複雜、太難管理，以致限制了管理人員選擇的範圍；四、利潤不應是帳面上的數字，應是現金利潤；五、企業的投資收益率高；六、企業股價低、債務低；七、絕不捲入有毛病的企業。優良的企業也有股價便宜的時候，那時你投資下去會比購買有問題的企業後再去整頓容易得多。

另外，巴菲特對投資者提出三點建議：其一，不要投資仍有很多未處理的「股票認股權證」的公司，同時避開對退休計畫花樣太多的企業，因為這些都有可能是會計帳目做手腳的地方；其二，如果會計帳目上出現較多模稜兩可的「附註」，則可能是CEO有「不可告人的秘密」。這類企業要避而遠之，因為「魔鬼往往在細節之中」；其三，對營利前景做太樂觀預測的公司不可信。

他所運用的投資黃金定律是：一、利用市場的愚蠢，進行有規律的投資；二、買價決定報酬率的高低，即使是長線投資也是如此；三、利潤的複合增長與交易費用和稅負的避免使投資人受益無窮；四、不在意一家公司來年可賺多少，僅留意未來五到十年能賺多少；五、只投資未來收益確定性高的企業；六、通貨膨脹是投資者最大的敵人；七、價值型與成長型的投資理念是相通的，價值是一項投資未來現金流量的折現值，而成長只是用來決定價值的預測過程；八、投資人財務上的成功與他對投資企業的了解程度成正比；九、「安全邊際」從兩個方面協助你的投資：首先是緩衝可能的價格風險，其次是可獲得相對高的權益報酬率；十、擁有一支股票，期待下個星期就上漲，是十分愚蠢的；十一、就算全世界最具權威的金融業大師偷偷告訴我未來兩年的貨幣政策，我也不會改變我的任何一個做法；十二、不理會股市的漲跌，不擔心經濟情勢的變化，不相信任何預測，不接受任何內幕消息，只注意兩點：（一）買什麼股票，（二）買入價格。[2]

巴菲特在管理上，主要採取三種模式：第一是「一般投資」：即買進符合安全程度，即股價受到低估的證券，同時在報酬／風險的特性上，符合既定標準。第二是「套利交易」：即發生特定與大盤變動無關的事件例如購併，掌握其股價的可能變化。第三是「控制權」：即買進大量的股份，聯合其他股東，或發動委託書大戰，企圖影響相關公司。

然而要實踐以上這些看起來簡單的準則，沒有膽識，沒有意志力，沒有做足了功課，沒有投入過人的心力就不可能落實，也因此這個世界上很難再有第二個巴菲特。

三、家庭與人生觀

一九五二年四月，巴菲特與蘇珊・湯普森結婚。蘇珊是一位開朗樂觀、喜歡音樂的女孩，她的父親曾經幫助巴菲特的父親哈瓦德參選下議院議員，兩家早有往來。

年幼時巴菲特就喜歡和蘇珊一起玩，不過兩人成年之後的生活沒有太多交集。直到兩人再一次相遇時，巴菲特愛上了蘇珊，而當時的蘇珊其實另有心儀的對象，然而她的父親非常喜歡巴菲特，認定巴菲特將來一定會是個了不起的大人物，所以非常鼓勵兩人交往。另一方面，巴菲特也展開了強烈的追求攻勢，尤其是他知道蘇珊喜歡音樂，便在她的面前彈奏夏威夷的四弦琴，他動人的演出終於打動了蘇珊的芳心。兩人結婚時，巴菲特拿出全部財產的百分之六，買了一只鑽戒，並向蘇珊保證，以後一定會變得很有錢。

婚後兩人育有三個孩子，家庭的生活稱得上美滿，例如他們的女兒就曾說：

「我父親全心投入到他的工作中，這是他生活的樂趣所在。我母親的生活則大不相同……我們非常幸運，擁有如此了不起的父母。他們都那麼溫柔親切，充滿深情。」

然而，由於夫婦兩人的興趣差異大，加上巴菲特事業日益忙碌，陪家人的時間越來越短暫，孩子們也都長大成人了，蘇珊開始思考個人的人生價值，期望日後能以自己喜歡的生活方式過日子。一開始她到咖啡廳演唱，或在公益活動上義演，這些演出讓她重新體認到自己對音樂的喜愛，於是決定此後要去追求自己深愛的音樂事業。她與巴菲特協議分居，雖然巴菲特實在無法同意妻子的想法，一直採取反對的態度，但在兩人的銀婚紀念日之後，蘇珊終究還是搬到舊金山長住了。

分居後，兩人保持友好的關係，沒有離婚，大約每個月都見一次面，每年都和全家人共度耶誕節、出遊。

後來，巴菲特與一位在咖啡廳工作的門柯斯女士陷入熱戀，兩人關係十分親密，但始終維持情人的關係，蘇珊和門柯斯女士也相處得很好。丈夫、妻子、情人和平相處的狀況，自然會引起外界的注意，很多記者都會問及巴菲特對於自己婚姻狀況的看法，巴菲特大部分會回答：「我深愛每一個人。」或是：「如果你對每個人都很了解，你就會理解這種關係了。」

巴菲特成為富豪後，他和蘇珊一直有行善的計畫，兩人在四十多年前成立「蘇珊·湯普森·巴菲特基金會」從事慈善工作，巴菲特原本計畫自己逝世後才將財產捐出，他在一九九三年版的《董事長的信》中提到：「在我死後，我持有的股票將轉移給我的妻子蘇珊或者是慈善團體。」他希望能趁在世時累積更多財富，以造福更多需要幫助的人。

不過，巴菲特計畫在自己過世後，讓蘇珊運用他的財產投身到慈善活動中的計畫生變，因為蘇珊於二〇〇四年過世了。巴菲特近年來非常積極在處理自己名下的財產。尤其是二〇〇六年七月起，他將名下百分之八十五的財產（總值約為三百七十億美元，約台幣一兆兩千零九十九億）逐年捐給全球首富比爾·蓋茲夫婦的慈善基金會，這個驚人之舉開創了全球富豪行善的新時代。

此外，目前資產兩億七千萬美元的「蘇珊·湯普森·巴菲特基金會」，將獲得一百萬股、現值三十一億的波克夏公司股票，繼續支持家庭計畫、防範核武擴張等工作。巴菲特三個孩子名下的三家基金會則將獲得其餘七十五萬股。

世界上數一數二的富豪將個人財產的絕大多數用在慈善之上，引起大眾的吃驚與好奇，巴菲特沉穩地公開表示：「我知道自己在做什麼，這麼做是有意義的。」他說過：「我想給子女的，是足以讓他們能夠一展抱負的財富，但這筆金錢絕不會多到讓他們最後一事無成。」同時，他認為大家集中把錢交給擅長慈善事業的機構，遠比成立新的慈善機構，不斷做重覆的工作，來得有效率多了。就像想找人代打高爾夫球，一定會想到老虎．伍茲一樣。從這裡可看出巴菲特對蓋茲在慈善事業領域的高度肯定，以及他在思考、見解上的獨特性。

巴菲特對慈善事業的熱誠，來自於回饋社會的信念，他認為自己的成功來自於社會，自然應該對社會有所回報，他說：「我認為在個人財富的累積上，社會才是真正的幕後功臣。如果我身在孟加拉、或祕魯這類國家，所有的才智都將是毫無用武之地……在市場經濟的系統下，正好能讓我充分發揮專長，而且所獲得的財富更是不成比例。如同拳王麥可．泰森（Mike Tyson）一樣，只要能在十秒內擊倒一個人，便可賺取一千萬美元，而且全世界都願意付錢給他。同樣的，打擊率高達三成六的棒球選手，全世界也很願意付錢。但若換成是一個出類拔萃的教師、一個不可多得的護士，可能就沒人願意付錢了。現在，我想做的是改變這樣的社會價值系統，讓它有重新調整的可能。當然，我們不見得辦得到，但當這個社會，可以讓一個具有特殊才藝的人，獲得無比的消費能力。也許你有一付好歌喉，不管是上電視或其他的場所，每個人都不惜花大錢請你演出。我想，你能夠獲得的好處都是取之於社會，而你也必須回報的。」、「我對自己所擁有的錢，並無任何的罪惡感，因為這些錢，代表了無數未來將由社會來兌現的支票。」

巴菲特已經兌現了他的承諾。比爾・蓋茲是這麼說的：「我們的朋友巴菲特決定運用財富，處理世界最具挑戰性的不平等，我們對此深感敬畏。」

四、其他

1.巴菲特向來認為創造財富以及成功的關鍵並不在於智商，而在於習慣，人必須有好的習慣（意指好品質的養成）。有一次他到佛羅里達大學商學院演講，提了一個非常有趣的喻，他假設在場的學生可以像買賣股票一樣各自買進、賣出一位同班同學餘生的百分之十，那麼會想要買進、賣出哪一個同學呢？巴菲特自己推論了起來：「你們現在都是在ＭＢＡ的第二年，所以你們對自己的同學也應該都了解了。現在給你們買進一個同學餘生百分之十的權利，一直到他的生命結束。你不能選那些有著富有老爸的同學，每個人的成果都要靠他自己的努力。……你會挑那個學習成績最好的嗎？我很懷疑。你也不一定會選那個最精力充沛的，因為你自己本身就已經動力十足了。你比較可能會去尋找那些質化的因素，因為這裡的每個人都是很有腦筋的……你很可能會選擇那個你最有認同感的人，那個最有領導才能的人，那個能實現他人利益的人，那個慷慨、誠實，即使是他自己的主意，也會把功勞分予他人的人。你可以把你最欽佩的人的素質都寫下來，寫在紙上的左欄。……接下來你願意賣出哪一個同學呢？你可能還是不會找ＩＱ最低的。你可能會選那個讓你厭惡的同學，以及那些令你討厭的品質。那個你不願打交道的人，其他人也不願意與之打交道的人。

是什麼品質導致了那一點呢？你能想出一堆來，比如不夠誠實，愛占小便宜等等這些，你可以把它們寫在紙的右欄。當你仔細觀察紙上的左欄和右欄時，會發現很有意思的一點。能否將橄欖球扔出六十碼之外並不重要，是否能在九秒三之內跑一百碼也不重要，是否是班上最好看的也無關大局，真正重要的是那些在紙上左欄裡的品質。如果你願意的話，你可以擁有所有那些品質。那些行動、脾氣和性格的品質，都是可以做到的……再看看右欄裡那些讓你厭惡的品質，如果你有的話，你也可以改掉。……投資大師班傑明·格拉哈姆在他還是十幾歲的少年時，他四顧看看那些令人尊敬的人，心想自己也要做一個被人尊敬的人，為什麼自己不像那些人一樣行事呢？他發現那樣去做並不是不可能的。他對那些令人討厭的品質採取了與其相反的方式而加以摒棄。所以我說，如果你把那些品質都寫下來，好好思量一下，擇善而從，你自己可能就是那個你願意買入百分之十的人！更好的是，你自己本就百分之一百的擁有你自己了。這就是我今天要講的。」[3]

❶ 關於格拉哈姆精闢的投資理論，例如：認為應該在認清企業「本質價值」的情況下，以大大低於「本質價值」的價格買入的「價值投資」。這個理論的提出是基於以下的主張：假如我們能夠不為人們的希望、恐怖等感情所支配的股市動向左右，集中精力關注股票背後所隱藏的事業價值，並能夠以較低的價格買入的話，就能夠把風險降到最低。另外，格拉哈姆和他的同事比爾．多德一同提出以「價值投資」為核心的「格拉哈姆．多德理論」，認為真正的投資家並不會每天去注意每天的股價，而是能冷靜地分析證券背後的企業。透過將注意力集中到企業的收益能力、財務狀態、未來的走勢等等，來探尋企業的本質價值，而這個本質是不會隨著一天一種想法的「市場先生」在考慮什麼而改變的。以上可參見方守基著：《世紀股神——巴菲特》，台北縣：華文網股份有限公司，二〇〇二年十一月，頁三九—四二。

❷ 以上關於巴菲特的投資哲學，可詳參丁玎主編：《世界十大富豪創業史》，北京：中國市場出版社，二〇〇六年二月，頁四二—四七。

❸ 整理自易曉斕譯：《巴菲特的一次演講》。

2 拉丁美洲的電信霸主──
卡洛斯・斯利姆・赫魯
Carlos Slim Helu

不管別人的嘲諷，舉債大舉收購這些期貨商拋
期貨。果然，如同他
的預料，墨西哥政府在看到農產品價格持續下跌
，為了讓農業能有長期
的發展，出手收購市面的農產品以穩定行情
卡洛斯因擁有眾多低價買進
的糧食期貨，自然而然的成了這個局面下
獲利者。
卡洛斯藉由投資活動，花了十幾年
歲月，累積了將來大展鴻圖的基金。
二、企業的成長之路
（一）成立卡爾索集團以及制勝的關鍵
在期貨市場戰無不勝的卡洛斯，已擁有不少資產的他四十歲了，他開始思
考自己的下一個舞台。一九八〇年的墨西哥，躍升為全球第四大石油輸出
國的經濟快速發展。卡洛斯也在這一年整合自己名下的各種產業
集團，並收購墨西哥具有潛力的資產，另一方面也與政府
係。到一九九〇年為止，十年之間，卡洛斯在商
達到一百億美金

卡洛斯·斯利姆·赫魯
生日 1940年1月28日
出生地 墨西哥
事業基地 墨西哥
人稱 拉丁美洲狙擊手
現任 卡爾索集團(Carso Group)總裁
（二）重視成本控制以及投資報酬率

事業

卡洛斯．斯利姆．赫魯擁有二十五萬名員工，其掌控的上市公司市值占墨西哥股市的三分之一，並占有墨西哥最大的電信市場。旗下的墨西哥電話公司控制著該國百分之九十以上的固定電話和百分之七十二以上的行動電話市場；旗下的美洲行動公司約擁有四千一百萬的行動電話用戶。卡洛斯被視為拉丁美洲的電信霸主。此外，其事業觸角尚涉及能源、網際網路服務、銀行、醫療、保險、購物中心、餐飲、煙草、汽車零件、鋼鐵水泥和航空公司等行業。

重要榮譽

☆獲《拉丁美洲貿易》雜誌評為拉丁美洲企業家菁英，並獲「布拉沃獎」（「布拉沃」在西班牙文裡的意思是「極好」、「極佳」的意思）。

☆創業十六年後，名列《富比士》全球億萬富豪排行榜第三名，平均每個小時賺進二百二十萬美元，締造最近十年來全世界個人財富增值最快的紀錄。

財富金榜

☆據二〇〇八年《富比士》雜誌的統計，卡洛斯．斯利姆．赫魯及其家族的資產淨值高達六百億美元，超越蟬聯十三次世界首富的比爾．蓋茲，成為世界第二富。

名言

·我的父親教我要有勇氣，無論遇到什麼樣的危機，墨西哥都不會消失，如果我對這個國家有信心的話，那麼任何合理的投資都將獲得回報。

·要熱愛自己的家鄉，如果你覺得它太貧窮、太落後了，那是你的責任，說明你沒有盡到自己的義務。

·你必須很清楚自己想要什麼，因為如果做不到這一點，你就不會懂得該放棄什麼——而這個又會反過來決定你能否得到自己想要的東西。

·最好的投資就是減少貧困，拉丁美洲應當在基礎設施領域利用好這些資金。

·我希望能最大限度地發揮自己的潛能，讓這個世界上有限的資源發揮最大的作用，身為一個商人，我可透過價格等市場手段來達到這一目標，而且我知道我的生意做得越大，就越有能力來實現這個目標。

·我和巴菲特有很多不同的地方，實際上我更希望被稱作「管理者」而不是「投資人」，我也會做慈善，但我不會因為要與他人分享紅薯而把整個紅薯地都送給人家。

他人之眼

·《富比士》雜誌：「你想知道為什麼卡洛斯．斯利姆．赫魯才是這個星球上最偉大的商人嗎？換句話說吧，如果比爾．蓋茲能像卡洛斯一樣占到自己國家生產總值的百分之七的話，他現在的資產應該是八千七百億美元。」

- 美國第二大電話公司威瑞森（Verizon）公司總裁伊凡．斯坦伯格說：「這實在太不可思議了！卡洛斯簡直把整個拉丁美洲當作自家廚房，他收購電信公司，就像是從自己的餐桌上取點心一樣。」
- 墨西哥通訊社評論卡洛斯時，這麼寫道：「在墨西哥，卡洛斯無所不在，如果你要打電話，用的是他的電話線路；如果你想吃飯，十之八九必須到他名下的餐館；如果你要開車，車裡的石油也來自於他；如果你生病要看醫生，得去他開設的醫院；如果你要做生意，得跟他的銀行打交道；如果你想購物，會到他經營的商場去……」

一、第一桶金

（一）父親的影響

卡洛斯．斯利姆．赫魯（Carlos Slim Helu）出生於墨西哥，在家中六個兄弟姐妹中排行第五。卡洛斯的父親胡里安．斯利姆原本是黎巴嫩人，因為黎巴嫩政局動盪不安，一九〇二年年輕的胡里安跟著卡洛斯的祖父漂洋過海尋找新的安身之處，最終到了墨西哥。

胡里安．斯利姆剛到異鄉的前八年，墨西哥的政經環境安穩，當時領導人的經濟改革讓墨西哥日益繁榮。一開始，胡里安在墨西哥的一個小城經營一家名叫「東方之星」的商店，以販賣乾貨為主。這間小小的商店，由於他善於經營，幾年之內就擁有龐大的客源，名氣越來越大，胡里安成了相當有實力的商人，並在日後建立起龐大的家族企業。

一九一一年起，墨西哥的時局因為政變及長期的戰爭變得極不穩定，國力元氣大傷。在這段長達七八年動亂的時局裡，再次面對這種不安時局的胡里安，在災難中反而看到了多數人未能察覺的機會。

胡里安由於過去幾年的經商經驗，對於買低賣高的商業交易已十分在行，他將過去小買賣的商業運作擴大到不動產的買賣操作上。因為當時時局動亂，房價越跌越低，胡里安趁著這樣的機會積極購買墨西哥城裡的房地產，且多半是一些西班牙殖民時期就建立的老舊建築，他相信等墨西哥政局恢復穩定的那一天，經濟必定會重新起飛，這些土地將為他帶來極大的財富。

胡里安對墨西哥的信心，對他的兒子卡洛斯有巨大而深遠的影響。卡洛斯在具有高度經商才能的父親刻意栽培下，從小就養成商業意識，奠定了成為優秀商人的基礎。

卡洛斯從八歲開始，每天清晨六點半左右，胡里安就帶著他走路到自家的商店工作，一路上胡里安總會對兒子進行機會教育，例如觀察街上其他的商行，看別人是如何做生意，看有哪些新商品上市，也觀察墨西哥城中人們的日常生活。

最初，胡里安讓卡洛斯記帳以及在櫃檯幫忙收錢，整整三年的時間，卡洛斯都在練習從帳本中讀出各種數字背後的意義，如從商品的交易量看出供需的情形，並進一步思考哪些商品具有市場的潛力，以及商品價格的訂定等等問題。這些練習雖然是基本功，但唯有紮實的鍛鍊，日後才能擁有靈活運用的實力。

此外，胡里安也教卡洛斯把自己日常的生活開銷記錄下來，以及利用平常的儲蓄做一些小投資，每個月父子倆都會一同針對這些小投資做檢討。這些帳本對卡洛斯來說，不僅是重要的商業啟蒙教本，也是十分珍貴的回憶，所以這些童年留下來的帳本，至今都還完整的保存在他的身邊。

卡洛斯非常喜歡這種做買賣的環境，越做越起勁，十二歲那一年，他父親拿了二十美元給他自由發揮，想看看這個小兒子是否具有做生意的能力。小卡洛斯很聰明，他利用這些錢購買了一些物品，再經由轉賣獲得了好幾百美元的利潤，讓父親刮目相看。

他很有生意頭腦與銷售天份，光是靠著自己的好口才，就能讓別人怎麼也賣不出去的商品，變成炙手可熱的搶手貨。

除了在這些小小的商業實習中表現出傑出，他在學校的表現也非常出色，對於學校舉辦的各式競賽，都儘可能參與，並且盡力獲取好的成績。

然而，儘管他對商業很有興趣，但讀大學的時候，並沒有學商，而是主修土木工程；也儘管家族企業早就擁有雄厚的實力，他在大學畢業後也沒有進入家族企業，而是到幾所著名的學院擔任數學老師。在教書的幾年中，他利用空閒的時間做些投資，並透過這些投資獲得很可觀的收入。

（二）經商之路

卡洛斯真正決定轉向經商的道路，應是起於一九六七年，那一年他與拉丁美洲經濟委員會的人接觸後，意識到商業活動並不單是買賣交易而已，而是足以影響國家人民的生存發展。且商業活動是一種社會資源分配與流動的過程，能夠讓有限資源發揮最大效益的人，就是成功的企業家。卡洛斯曾說：「我希望能最大限度地發揮自己的潛能，讓這個世界上有限的資源發揮最大的作用，身為一個商人，我可透過價格等市場手段來達到這一目標，而且我知道我的生意做得越大，就越有能力來實現這個目標。」

於是他回到了家族企業中，正式往商業的道路前進。

卡洛斯的從商之路，從投資具有潛力的企業開始，由於眼光精準，投資什麼都賺錢，不管是採礦業、製造業還是煙草業，只要能賺錢的他都投資。

卡洛斯的眼光精準，與他能把握住墨西哥的政經發展脈動有絕大的關聯。例如：墨西哥的人們向來受糧食缺乏所苦，而物以稀為貴，農產品的價格向來居高不下，期貨市場存在許多靠囤積糧食發財的期貨商。

不過這種情勢在一九七一年有了變化，這一年墨西哥的農產品大豐收。這對大多數的墨西哥人們來說，是非常好的消息，但對期貨商來說，未必是好事。因為農產品的價格會隨著豐收而下降，加上政府勢必投入更多資金發展農業，糧食的價格一定會繼續下跌，那麼期貨商要繼續靠糧食類的期貨賺錢，已經是不可能的事情了，於是紛紛趁農產品價格還未跌到谷底時，趕緊將手中的期貨都拋售出去。

卡洛斯雖然也知道政府會挹注資金來發展農業，但他卻擁有與多數期貨商不同的思考邏輯。他認為既然政府有心發展農業，就不可能讓賣糧食的人餓死。於是他不管別人的嘲諷，舉債大舉收購這些期貨商拋售出來的期貨。果然，如同他的預料，墨西哥政府在看到農產品價格持續下跌的情勢後，為了讓農業能有長期的發展，出手收購市面的農產品以穩定行情。此時，卡洛斯因擁有眾多低價買進的糧食期貨，自然而然的成了這個局面下最大的獲利者。

卡洛斯藉由投資活動，花了十幾年的歲月，累積了將來大展鴻圖的基金。

二、企業的成長之路

（一）成立卡爾索集團以及制勝的關鍵

在期貨市場戰無不勝的卡洛斯，已擁有不少資產的他四十歲了，他開始思考自己的下一個舞台。一九八〇年的墨西哥，躍升為全球第四大石油輸出國，全國的經濟快速發展。卡洛斯也在這一年整合自己名下的各種產業，成立了卡爾索集團，並收購墨西哥具有潛力的資產，另一方面也與政府高層建立良好的互動關係。到一九九〇年為止，十年之間，卡洛斯在商業布局上，陸陸續續投入的資金達到一百億美金，他為卡爾索集團打下的基礎，堅不可摧。

卡爾索集團成立後，幾乎沒有受到墨西哥經濟波動的影響，即使在大蕭條時期，卡洛斯始終能夠以從容的態度，以及過人的眼光獲得相當的盈利。

例如：一九八二年的墨西哥陷入嚴重的經濟危機，投資人對墨西哥的信心一落千丈，大量的資本外移。此時卡洛斯處變不驚，沒有像其他人一樣退出墨西哥投資市場，而是和父親一樣對墨西哥具有無比的信心，趁此機會，以低價大量購進各個領域極（如採礦公司、零售業、餐飲業連鎖集團等）具潛力的公司，這種亂中取勝的策略，一般缺乏膽識與長遠眼光的商人，很難跨越這一步，這也是卡洛斯和他的父親能夠制勝的重要關鍵。

（二）重視成本控制以及投資報酬率

卡爾索集團成立的第二個十年，卡洛斯進行更積極的拓展。例如：進行各式重大的收購行動，擁有墨西哥多家舉足輕重企業的絕大多數持股。勢力範圍主要是工業、零售以及電信三大領域，並建立了巨大的金融集團。

光是擁有財力收購他人的公司，但若是不善於經營，那麼這些收購來的公司，很快就會貶值。因此成功的收購者，要懂得整合及經營，才能讓這些收購來的公司與企業集團下原本的公司達到最密切的配合，形成一個互補互助、績效互相加乘的網路。而要形成這樣的網路，更基本的前提同時也是更艱難的課題，在於如何將收購來的公司加以改革，以提升這些公司的內在價值、達到盈利的目的，就這一點來說，卡洛斯做得比其他人更加成功與出色，從而取得了極大的成就。

卡洛斯最為重視的是成本控制以及投資報酬率，因此當他收購一家公司後，總是先評估該公司生產的哪些商品是無法賺錢的，立即停止這些生產方向，再把省下的預算挹注在能帶來利潤的商品製造上，例如購買最先進的機器設備，讓生產的效率達到最佳的狀態。

在人事成本上，卡洛斯也是精打細算。對於所接收的公司，為了能夠徹底革新該公司過往管理上的缺失，由上而下進行大幅度的人事改組以及縮編，他的做法是先從管理階層開刀，解散原有管理的幹部，然後派遣企業集團裡既能幹又任勞任怨的管理人才接手，這些新的管理幹部的首要任務，就是裁掉不能帶來利潤的生產線的作業人員，由此省下大筆的人事費用。

（三）精於購併

在卡洛斯進行的各種收購中，以收購墨西哥電話公司最為重要，這也是他邁向世界級富豪的重要關鍵。

卡洛斯認為單單只是成為某個行業的壟斷者，並無法成為一個國家遊戲規則的制定者。想要達到這個目標的話，就必須在某個民生基本行業占據龍頭的地位，因為越基本的民生需求等於最大的市場客源。在墨西哥，與民生基本行業相關的行業如：糧食、石油、電力、水、交通以及通信等行業，多數都由政府部門所控制，因而卡洛斯的選擇並不很多。就民生基本行業而言，墨西哥電話公司正符合卡洛斯的投資需求——這家公司擁有雄厚的技術能力，可惜因為管埋階層的不善於經營，所以前景一直不被看好——也就是說，如果能夠用較低的價格取得這家公司，再加以改革的話，未來一定能獲得巨大的利潤。

卡洛斯取得墨西哥電話公司的經營權，與其重視政商關係有密切的關連。他認為經濟活動與政治活動是不能切割開來的，根據他的經驗，當一個人從事著能影響大多數人命運的活動時，就同時擁有巨大的影響力，從這樣的角度來說，經濟和政治是相通的。

基於對政商關係的體認，卡洛斯在事業越做越大之後，便越積極的參與政治相關的活動，在各種政治的場合都可以看見他活躍的身影。一九八七年，墨西哥舉行總統大選。卡洛斯仔細研究這些總統候選人的政見，發現當中以主張墨西哥改革開放的薩利納斯的政經觀念與自己的理念最為接近，因此在總統競選期間，卡洛斯就寫信給薩利納斯，信中除提到自己相當看好薩利納斯會當選總統之外，也表明自己將全力支持薩利納斯的競選，他捐了兩千萬美元給薩利納斯的競選團隊，並提供諸多的意見。沒多久之後，果然如同卡洛斯的預期一樣，薩利納斯當選了新一任的墨西哥總統。

一九九〇年左右，墨西哥政府展開國營事業私有化的政策，陸續出售了好幾百家國營企業給擅長經營的民間企業。由於卡洛斯和薩利納斯極為友好，因此很早就獲得墨西哥電話公司即將出售的訊息，經由協商，卡洛斯所進行的積極收購行動非常順利，成為墨西哥電話公司最大的股東。

如同前文提到的，由於經營不善，墨西哥電話公司的前景並不被看好，多數人對於卡洛斯的收購行動感到不解，不過這正好凸顯出卡洛斯與眾不同的眼光。

卡洛斯看到了他人所看不見的價值，並且讓一顆蒙塵的鑽石再度發出萬丈光芒。卡洛斯在收購墨西哥電話公司之前，就深入評估過該公司經營不善的原因。例如：通話品質不佳、收取的費用太高、服務效率不即時，無法推出吸引人的服務商品等等。因為存在這些弊端，以致於年年虧損，尤其是在墨西哥開放電信市場之後，墨西哥電話公司的處境更加辛苦。然而，儘管大眾都對於該公司的服務品質諸多不滿，但該公司依然擁有墨西哥最多的電信用戶。卡洛斯就是看中這一點，也深信自己多年收購、整併企業的經驗，一定能夠讓這家公司改頭換面，發揮出它最大的潛力。

卡洛斯一方面致力於改善通話品質、服務效率，以及加強服務項目（例如：推出電信相關的服務：公司網路、電話黃頁、網際網路服務、資訊網路管理服務等等。這些多元而便利的服務，讓墨西哥電話公司順利攻占了更多新的電信領域）之外，另一方面也提高了電信費用，並且採取了一些促銷方案，讓用戶能夠接受高價的電信費用。

雖然藉由對墨西哥電話公司的成功改革，卡洛斯幾乎壟斷了整個墨西哥電信市場，這樣的行為讓他備受爭議，甚至每每有人質疑卡洛斯事業上的成就來自於官商的勾結。

不過，墨西哥電話公司的業績照樣蒸蒸日上，個中的緣由，應該還是要歸因於卡洛斯為了徹底讓墨西哥電話公司的弊端一掃而盡所投注的種種努力。例如：卡洛斯擁有的卡爾索集團在十年之內，陸續投入一百億美元，用來改善墨西哥電話公司的基礎設施、支援該公司從業人員的培訓，以及技術的提升等等。

（四）成為拉丁美洲電信霸主

卡爾索集團有時甚至投入了整年的利潤在墨西哥電話公司上，看起來是很驚人很冒險的投資動作，然而這些本質上的改進，讓墨西哥電話公司具有最大的競爭優勢，讓用戶不得不選擇他們的服務。這樣的優勢也讓該公司漸漸攻進拉丁美洲的電信市場，例如：委內瑞拉、阿根廷、巴西、智利、祕魯、哥倫比亞等國家均有墨西哥電話公司的營運據點。

卡洛斯主要是以收購股權的方式進入國外的電信市場，因為這樣一來墨西哥電話公司就不需要在異地重新鋪設網路，而是在取得股權後，直接貫徹墨西哥電話公司的經營特點，並非常注重地域差異，推出適應各國民眾對電信需求的服務專案（例如：提供多樣化的預付方案）。

另外，由於美國每年都有來自墨西哥的大批移民，但美國當地的電信公司往往不能滿足這些移民的需求，這對卡洛斯來說又是絕佳的機會，他在美國設立了墨西哥電話公司的分公司，牢牢抓住了這些居住在美國的墨西哥移民的電信需求。

在卡洛斯的苦心經營下，他做到了——通過一系列的收購和布局，將整個拉丁美洲收入自己的口袋之中。從此之後，所有拉丁美洲的人只要一拿起電話，便等於開始向卡洛斯的帳戶裡交錢。

三、家庭與人生觀

卡洛斯・斯利姆・赫魯（Carlos Slim Helu）與他已過世的的妻子索瑪雅・達米特（Soumaya Domit，一九九九年因腎病辭世）育有三子三女，兩人的婚姻生活簡單而幸福，卡爾索集團（Carso Group）的命名，就是結合兩個 人的名字而來。

索瑪雅是移民黎巴嫩的阿拉伯人，出身名門，其父親是鞋業公司的老闆。她在極其優渥的家境中長大，但沒有絲毫嬌慣之氣，總會在自己的能力範圍內設法幫助弱勢的人。這樣一位美麗大方、待人親切的女性，追求者自然非常多，她最後情定卡洛斯，主要是因為她的父親非常欣賞卡洛斯❶，兩人在長輩的祝福聲中結為一生的伴侶。

索瑪雅在婚後全心照顧卡洛斯以及他們的孩子們，卡洛斯深愛這位善良可愛的妻子，兩人一同度過二十多年的婚姻生活，這段歲月被卡洛斯視為「一生中最幸福的時光」，在索瑪雅過世後，他心中悲痛，始終覺得索瑪雅從未離開過，一直沒有再娶。

卡洛斯領導墨西哥最大的集團，擁有龐大的財富，除了擁有兩個昂貴的嗜好之外，日子過得非常儉樸，沒有什麼花費，他在數十年的時間裡都在一棟兩層樓高的舊樓中工作，也從來沒有改裝過自己的辦公室，相較於他所擁有的財富，他儉樸的程度甚至被人們視為吝嗇。

卡洛斯的嗜好，其中一個是喜歡抽古巴雪茄，他辦公室裡收藏的雪茄種類與數量，簡直足以成立一個雪茄博物館。另外一個嗜好是收藏羅丹雕塑作品，這也是他最大的嗜好，其收藏的數量同樣已足以成立一個羅丹雕塑作品博物館。

除了個人的嗜好之外，卡洛斯認為財富是一種改變社會的力量，善用財富可以改變未來，擁有財富者應考慮全人類的利益。卡洛斯曾說過：「要熱愛自己的家鄉，如果你覺得它太貧窮、太落後了，那是你的責任，說明你沒有盡到自己的義務。」他決定將自己的財富用來改善自己所熱愛的墨西哥。

在妻子過世後的次年（二〇〇〇年），卡洛斯的健康也亮起紅燈，他動了一次心臟手術，經歷一場生死關頭後，他深切體認到生命、親情的可貴，一方面他開始要求家人們在每一個星期一的晚上，必須一起共進晚餐。另一方面，他把事業上的重擔轉移給三個兒子打理，自己退居到第二線，並將大部分的心思投入到慈善事業中。

他陸續在墨西哥成立三家慈善機構，專門幫助貧窮人受教育、享有醫療保障、日常娛樂；此外，他非常關注貧困兒童，過去已提供他們九萬五千輛的自行車、七萬副眼鏡，並預計從二〇〇七年起的四年內，為貧困兒童建立一百所學齡前學校，於二〇〇七年八月捐出二十五萬台筆記型電腦。這些電腦放置於學校、圖書館，讓學童可以像借閱書籍一樣借出使用。他旗下的電信公司也將協助建立無線網路，使這些電腦都可連接上網際網路，傳授這些兒童數學、語言和電腦知識；提供十五萬名大學生獎助學金；墨西哥城的西班牙老舊建築也因為卡洛斯的資助，成了著名的觀光旅遊景點。

❶據說在卡洛斯還是二十多歲的年輕小夥子時，在墨西哥城阿拉伯商業團體舉辦的某次活動上，認識了索瑪雅的父親達米特先生，達米特問卡洛斯為什麼後來改變主意，選擇繼承家族的生意，卡洛斯的回答是：「我覺得商業的目的是改變社會，錢的作用是用來分配資源的流向，從這個意義上來說，商人想要成功，就必須學會把錢用在最需要它的地方，做人也是如此。」這番話讓達米特大為讚賞，認為卡洛斯是一個懂得如何為將來負責的人，因此這次會面後沒多久，他邀請卡洛斯到家中共進晚餐，後來還把女兒嫁給了這位面容黝黑，蓄著阿拉伯大鬍子的年輕人。請參見古一軍編著：《墨西哥首富——卡洛斯．斯利姆．赫魯》，台北縣：緋色文化出版社，二〇〇七年五月，頁二三二—二三六。

3 坐在世界巔峰的人——比爾・蓋茲

Bill Gates

逅。因此，他們決定另外尋找更大的發展空間
一九七五年，蓋茲和艾倫成立了微軟公司。
電腦將成為每個家庭、
每個辦公室中最重要的工具，應積極為個人電
軟體。尤其蓋茲的遠見卓識
以及他對個人電腦的先見之明成為微軟和
業成功的關鍵。兩人在公司權益
（股份）上的分配是蓋茲擁有百分之六
艾倫擁有百分之四十，但隨著公司日
漸成長，比例又有所修正，蓋茲擁有百分之六十四，艾倫擁有百分之三十六。從
比例上的消長，可以看出蓋茲在微軟的地位日益重要。
微軟剛成立的時候，辦公室設在一家老舊的汽車旅館之中，室內的空間很狹
小，周圍的環境也很吵雜，但蓋茲與艾倫兩人憑藉著對電腦程式的龐大熱誠，經
常不眠不休的徹夜工作，餓了就吃點東西，工作到極度疲乏之時，就到外面繞繞
看場電影。
他們除了具有發明、創新程式的能力，在經營公司上也
年，他們與羅伯茲達成關於之前研發的8080 BASIC
的期限是十年，MITS有權使用這一套語言
到另一方的

（二）更上一層樓
1.掌握時機，立於不敗之地
比爾・蓋茲
生 日 1955年10月28日
出生地 美國
事業基地 美國
人 稱 坐在世界巔峰的人
現 任 微軟公司 (Microsoft) 主席

事業

比爾．蓋茲在二十歲的時候創立了微軟公司，十七年後成了美國最富有的人，並得到國家科技獎章。三十九歲時的財富超越了股神沃倫．巴菲特，成為世界首富。微軟上市之後，市值就節節高升，一路超越了波音、ＩＢＭ，以及三大汽車公司的市值總和，更突破了五千億美元大關，成為全球市場價值最高的公司。年營業額超過世界前五十名軟體公司中其他四十九家的總和。目前世界上百分之九十以上的個人電腦是使用微軟公司的軟體產品。且由於比爾．蓋茲與微軟對電腦軟體的創造，人類的創造方式、工作方式、生活方式、閱讀方式、娛樂方式、思維方式和通訊方式等各方面都深受其影響，不斷的在改變。

重要榮譽

☆自一九九五年起連續十三年蟬聯世界首富，並在同一年被《工業周刊》評選為「最受尊敬的ＣＥＯ」。

☆英國王室授予比爾．蓋茲榮譽爵士，表彰他在英國的商業與企業發展方面做出的傑出貢獻。[1]

☆二〇〇七年倫敦國際領袖高峰會，評選出蓋茲夫婦為商界及慈善界中最受人敬重的搭檔。

財富金榜

☆據二〇〇八年《富比士》雜誌的統計，比爾．蓋茲個人的資產淨值為五百八十億美元，在蟬聯十三次世界首富之後，成為世界第三富。

名言

．如果不傾聽顧客的意見，只是一味革新技術的話，我們是沒有任何未來的。

．今天的結果，是你過去的努力，如果你不滿意目前的結果，表示你過夫的努力不夠；如果今天你的表現只是抱怨，而不採取行動，那麼你留給明天的還是抱怨。

．觀念加上時間才是真正的財富。

．凡是將應該做的事拖延而不立刻去做，卻想保留到將來再做的人總是弱者。

．時間管理不僅是獨樂，也是眾樂的一場賽事。和時間賽跑，人人都有可能是勝利者。只有不參加的人，才是失敗者。

．凡是有力量、有能耐的人，都會在對一件事情充滿興趣、充滿熱忱的時候，立刻迎頭去做。

．這個世界並不在乎你的自尊，只在乎你做出來的成績，然後再去強調你的感受。

．沒有誰能對未來瞭如指掌，未來不是靠算命仙那張嘴說出來的，而是靠你自己創造的。

．培養出我今日成就的，是我家鄉的一個小圖書館。

・我從來沒想過我會變得很富有，這根本不是我的夢想，時刻激勵我向上的是一種創造與眾不同的願望。我希望成為一個成功的事業者。

・用「如何」的問句來取代「為何」的問句是非常重要的。因為「為何」的問句常常會引起找理由、找藉口、解釋、追究責任的可能，這樣的問句無益於解決問題。如果你現在就做決定，不要把焦點放在問題上，因為人生的問題實在太多；要把焦點放在解答上，這樣你會發現，一切的事情都是非常簡單的。

・如今我們所處的競爭時代是一個優勝、適者生存的時代，等待別人的幫助或是祈求神靈的恩賜顯然是不合時宜的，只有知難而進，勇於第一個吃「螃蟹」，才能抓住屬於自己的機遇。

他人之眼

・《時代周刊》主編諾門・皮爾斯坦（Norman Pearlstin）：「比爾・蓋茲具有一種令人敬畏的的東西，這種令人敬畏的東西穿越時空，沉重得令人發慌。這種交織著難以言喻的的存在，是由他個人超絕的智慧、原驅力、競爭力的強度和密度所構成的。」

一、第一桶金

（一）思考決定了一生的高度

比爾・蓋茲（Bill Gates）和兩個妹妹一同在美國西岸的城市西雅圖長大，他的父親是一位赫赫有名的律師，母親則在教育界服務並享有盛名。

蓋茲五歲的時候，他的母親就教導他一些歷史和文化方面的知識。他很小的時候，就流露出喜歡思考的個人特質。他的父母經常見到這個兒子在發呆，問他在做什麼時，蓋茲總是回答說：「我在思考啊！您知道嗎？我在思考……。」就讀小學時，他最喜歡的讀物是《世界圖書百科全書》。

他喜歡思考，但除了數學方面的能力比同齡的孩子好，其他的特質都很平凡，尤其是「喜歡發呆」的特點讓父親相當擔心他的IQ是否有問題。於是在雙親的慎重考慮後，他被安排進入昂貴的私立中學就讀——湖濱中學，因為這所中學對於特別的孩子有一套很好的管教方法，蓋茲的父母希望學校的生活能幫助他們的兒子進入「正軌」。

蓋茲在十一歲時進入這所中學就讀，最拿手的科目仍是數理科，其他方面的表現仍舊普通，不過有一回他當眾熟背《聖經》中「登山寶訓」全文，讓大家感到既驚訝又佩服，從此對他另眼相看。

他對於自己的人生很有想法，也具有高度的自信心，例如小小年紀就斷言自己在二十五歲時會成為億萬富翁。

（二）著迷於電腦的世界

在蓋茲就讀湖濱中學快滿一年時，校方決定開設計算機課程，這也是美國第一所學校開設這類的課程。在當時電腦只具有非常簡易的功能，但已十足吸引他，他一頭栽進了計算機的世界，才短短一週的時間，他在計算機上的知識與掌握的能力遠遠超過他的老師或其他成人。

就讀中學時，蓋茲大多數的時間都在學校的計算機中心度過，經常滿腦想著電腦程式編寫的各種問題，十三歲時已能編寫電腦程式，甚至因此賺到零用錢。

此時迷上電腦的蓋茲認識了後來事業上的好夥伴保羅・艾倫。那時艾倫已經是高中生，他因為對電腦的喜愛，與蓋茲成了好朋友。他們經常一起玩電腦遊戲。因為當時電腦的功能還相當簡單，他們除了玩些簡單的遊戲，也會在一些簡單程式的基礎上略施小計，輕輕鬆鬆編出一個新的小軟體。例如：蓋茲就曾以這種方式做出「排座位」的軟體，讓自己座位的前後都是女同學，其他的同學都感到羡慕不已。

除了一塊遊戲，他們也一起研究電腦程式，研究到三更半夜是常有的事，蓋茲曾說：「當時，艾倫經常把我從垃圾桶上拉起來，而我卻繼續趴在那裡不肯起來，因為在那裡我找到一些工程師留下的筆記或紙條，上面還沾有咖啡渣，我們把這些紙條當作寶貝，用來研究操作系統。」

一九七一年年初，有一家電腦公司需要一份與工資相關的程式，蓋茲和他的朋友躍躍欲試，很努力的將程式編了出來，電腦公司方面答應將日後所獲得利潤的百分之十給予他們，還提供他們價值一萬元美金左右的電腦使用時間，這次的成功，對蓋茲產生極大的鼓勵作用。

一九七一年秋天，艾倫從湖濱中學畢業，進入華盛頓大學電子計算機系就讀，但仍與蓋茲有密切的聯繫，兩人經常一起四處招攬生意。在上次的成功之後，他們很快又有大展身手的機會，這次的工作是為市政府設計一套交通數字的軟體，他們完成這個任務後，獲得了兩萬元美金的報酬。

兩年後蓋茲也從高中畢業了，並以全國資優生的身分進入哈佛大學就讀，只是他讀的並非電腦相關科系，而是法律系。

蓋茲因為就讀的科系並非自己熱愛的科系，且心裡總是掛念電腦，一心一意想在電腦的世界找到更多的可能性，所以經常逃課，跑到計算機中心去寫程式或玩遊戲。

一九七四年的某一天，艾倫一讀到關於第一台個人電腦問世的新聞，就趕緊把這個好消息告訴蓋茲。因為個人電腦需要配備微處理器才能運作，而微處理器需要的是一套簡單的程式語言，這個部分正是這對好朋友長期以來研究的範圍，也是他們最擅長的領域。

兩人都為此大感興奮，於是蒐集了許多相關資料，他們發現這部個人電腦出自於經營MITS公司的埃德・羅伯茲的發明後，立即打電話給羅伯茲，對他說他們已經研發出適合這套電腦處理器所需要的程式。羅伯茲已經接過到太多類似的電話，因此對他們說：「誰能先完成這一套程式，就能獲得豐厚的報酬。」

事實上，蓋茲和艾倫其實還沒研究出什麼程式語言，只是急於爭取這個機會，聽了羅伯茲的話後，他們便開始著手研究。兩個人不分晝夜的在電腦機房裡工作，不斷修改程式語言，直到完成的那一刻（即8080 BASIC語言），總共花了八個星期的時間。他們的成果讓羅伯茲很滿意，還聘請艾倫到他的公司擔任軟體部門的經理。

當時蓋茲才剛升上大二，他認為電腦的發展如此快速，如果要等到大學畢業，不曉得會錯過多少良機，再加上他對於法律系實在無法燃起熱誠，所以毅然決然辦了休學。休學之後，蓋茲也進入MITS公司工作，他主要是分擔艾倫的工作，這兩個志同道合的好朋友就這樣正式展開他們的計算機生涯。

在MITS公司工作，他們能盡情的發揮所長，但沒多久之後，他們發現羅伯茲對於市場缺乏熱情以及長遠的目光，且在管理上獨斷獨行，極少與員工互動溝通。因此，他們決定另外尋找更大的發展空間。

一九七五年，蓋茲和艾倫成立了微軟公司。他們認為電腦將成為每個家庭、每個辦公室中最重要的工具，應積極為個人電腦開發軟體。尤其蓋茲的遠見卓識以及他對個人電腦的先見之明成為微軟和軟體產業成功的關鍵。兩人在公司權益（股份）上的分配是蓋茲擁有百分之六十，艾倫擁有百分之四十，但隨著公司日漸成長，比例又有所修正，蓋茲擁有百分之六十四，艾倫擁有百分之三十六。從比例上的消長，可以看出蓋茲在微軟的地位日益重要。

微軟剛成立的時候，辦公室設在一家老舊的汽車旅館之中，室內的空間很狹小，周圍的環境也很吵雜，但蓋茲與艾倫兩人憑藉著對電腦程式的龐大熱誠，經常不眠不休的徹夜工作，餓了就吃點東西，工作到極度疲乏時，就到外面繞繞或看場電影。

他們除了具有發明、創新程式的能力，在經營公司上也很有一套。一九七五年，他們與羅伯茲達成關於之前研發的8080 BASIC語言的使用協定：這份協定的期限是十年，MITS有權使用這一套語言，也可以轉讓給第三方，但一定要得到另一方的同意。這個協定讓蓋茲和艾倫從中獲得了十八億美元，讓微軟的基礎頓時厚實了不少，接著著名的通用電氣公司和全國收款機NEC也決定使用這套程式語言，這兩筆生意又帶來極大的利潤，也讓微軟從此聲名大噪，電腦業界更加的注意蓋茲與艾倫這兩個新星。

二、企業的成長之路

（一）更上一層樓

1.掌握時機，立於不敗之地

微軟取得的巨大成功讓人望塵莫及，有時甚至讓人匪夷所思，於是便有人將微軟的成功視為一種可遇不可求的幸運，尤其是一九八〇年蓋茲得到電腦業龍頭老大IBM個人電腦作業系統的供應合約，讓微軟幾乎從此立於不敗之地。

不過，微軟的成功是奠基於好運氣嗎？其實不然，當年除了蓋茲慧眼獨具，看出IBM這筆生意影響深遠——作業系統可建立起共用的平台，絕對會扭轉個人電腦的歷史走向——之外，更在於他能夠為了把握機遇而全力以赴。

蓋茲在決定競標ＩＢＭ生意的同時，就知道沒有相當的付出，是很難擊敗最主要的競爭對手——迪吉多（Digital Reserch Inc）公司，這家公司是蘋果電腦的所有人，而蘋果電腦是當時最暢銷的桌上型電腦。蓋茲告訴他的母親，為了贏得這個合約，他可能長達六個月的時間無法回家。接著，他經常不眠不休的工作，將全副的心思投入到取得合約上。

果然，有足足六個月的時間他都待在辦公室裡為了這個合約而奮戰，也終於讓他抓住了一個絕佳的時機，因為在與ＩＢＭ交涉的過程中，迪吉多公司負責該合約案的主要負責人去渡了一個月的假，蓋茲就趁競爭者鬆懈的時機進攻，取得了ＩＢＭ的合約。

這次的勝利不僅是讓微軟大大往前躍進，也讓整個企業界的未來轉進了前所未料的方向。這是ＩＢＭ把合約簽給微軟時所難以想像的，因為對他們來說，委託西雅圖一家小型軟體公司為他們新開發的個人電腦寫作業系統，只是將非核心的業務外包出去，以節省時間罷了，畢竟電腦硬體才是他們最主要的領域，萬萬沒有想到不久的將來，主導電腦市場的不是硬體而是軟體，就這樣把市場的主導權送給了蓋茲的微軟。

此後，每一台從ＩＢＭ運送出來的個人電腦，其所使用的作業系統都是MS-DOS（這是蓋茲從別家公司買來的作業系統，原名是Q-DOS）。另外，在合約裡，ＩＢＭ方面同意負擔MS-DOS主要的研發費用，但是微軟可以把開發出來的系統授權給第三者使用，這對ＩＢＭ是很不利的條件。

ＩＢＭ在發現市場已轉為軟體主導的局面後，趕緊研發出自己的一套作業系統，但卻始終沒有提出重議合約，或是和微軟分道揚鑣，而是繼續與微軟合作，以致於造成後來微軟壟斷個人電腦市場的局面。

除了ＩＢＭ的失策，以及蓋茲的遠見，讓微軟取得作業系統方面的大勝，蘋果電腦在經營策略上運用的方式，也助成了微軟獨大的局面。

最初，MS-DOS存在著幾樣嚴重的缺陷，而當時的蘋果電腦早已成為桌上電腦的頂尖品牌，且他們所研發的麥金塔（Macintosh）的作業系統就要問世了。蘋果電腦在硬體軟體方面都算是領先電腦業界，不過相對於蓋茲將軟體授權給多家廠商，從中賺取授權費用的做法，蘋果電腦始終不願意將他們的Apple Mac授權出去，也就是說凡是要買蘋果作業系統的人，就非買蘋果電腦不可，蘋果電腦方面認為自己在硬體和軟體上的技術都是世界上最好的，根本不用擔憂在市場上會吃虧。直到後來經過市場的檢驗，才了解到擁有最好的技術不一定會是贏家，當他們了解到這一點時，蓋茲所領導的微軟已經搶下百分之八十的市場了。

蓋茲在取得作業系統所占有的優勢後，更加確信「建立業界通用的標準，要占有市場就如同探囊取物一樣容易」。所以他在經營微軟時，一直都在做一件事，那就是永遠都要當新產品的開路先鋒，永遠要搶先對手一步，推出自己的產品。如果發現某家軟體公司的開發技術遠遠在微軟之上，而且具有很大的應用潛力，那麼他就會一口氣把該公司買下來，這樣還可以連帶為微軟引進該公司幕後的金頭腦，他就是以這種方式確保了微軟在業界的主導地位。

2. 創新至上

蓋茲的成功絕大部分奠基於他能夠不斷創新的精神，他總是說：「微軟距離破產永遠只有二十八個月，不創新，就滅亡。」

為了讓微軟持續創新，蓋茲立下了一些經營與管理上的重要原則。如：

①聘用聰明的人才。因為軟體的發展有賴於聰明工程師的付出。

②創意至上。鼓勵員工充分展現個人的聰明才智。

③重視小團隊溝通。因為小團隊的溝通較有效率，所以微軟的工作團隊通常以三十五人為上限。

④給員工思考的時間。因為想要有創新的產品，就必須要讓人有思考問題的時間。

⑤迅速做出決定，並且持之以恆，才不會錯失良機。

⑥從以往的計畫中學到教訓，在錯誤中得到成長。

⑦勤於接觸新的事物。

⑧善用每一位人才。

⑨讓資訊流通，並蒐集資訊、善加運用資訊。

⑩尋找下一個市場機會。

⑪快速學會新的商業規則。

⑫客戶優先。建立與消費者互動的網路。因為微軟是一家重視消費者需求的公司。

（二）經營與管理

1. 只用最好的人才

蓋茲在徵求人才時，特別喜歡聘用有熱情有才華的年輕人，尤其是那些剛剛走出校園的社會新鮮人。因為他們所具備的活力正是從事日新月異的電腦資訊業者最需要的特質，因此微軟公司每年度新招聘的員工裡，新人的比例高達百分之八十以上。

除了喜愛任用年輕的新人之外，蓋茲也重視「失意的」年輕人。這類人在行業中原本有很出色的表現，卻因為他們任職的公司經營失敗而失業，蓋茲認為，當一個人為了生計苦惱時，會激發出個人的潛能去面對將來的人生，且會比人生順利的人更具有承受挫折的能力。每個公司都會經歷到難題，微軟也不例外，如果能延攬這些受過挫折的人才到微軟工作，那麼他們將能在逆境中表現得更加出色。所以，蓋茲也相當注意這一類人才，會在適當的時機任用這些一時的「失意人」。

微軟招募員工，並不注重來應聘的人是否具備高的學歷，或是受過什麼專業的訓練，甚至經驗豐富與否也不是重點，因為這類型的人易有墨守陳規的傾向，這在充滿創意與活力的微軟公司就顯得格格不入。所以微軟格外重視一個人的創造性智慧，在面試時也就經常出一些「特別的」問題來甄選人才，例如：面試官給應徵者三三八八這四個數字，要應徵者在最短的時間內運用加減乘除得出二十四；或問應聘者如何計算出在曼哈頓的電話本上要找到一個人名所需的平均翻頁次數；或者是問應徵者：「美國總共有多少個加油站？」等等另類的問題。

這些問題並非真的在測試應徵者的數學能力，或是對時事、生活的關心程度，而是在了解應徵者分析問題及解決問題的能力。

2. 速度制勝

時間就是金錢，這個觀念在微軟裡被徹底的實踐。蓋茲非常重視時間的運用是否合乎效率，他總是催促他的員工動作要更快一點，因為唯有領先別人，占得先機，才能處於不敗之地。這種「速度制勝」的策略讓他的公司氣氛瀰漫著一種狂熱的工作氛圍。

蓋茲說過不少與時間管理相關的名言，如：「時間管理不僅是獨樂，也是眾樂的一場賽事。和時間賽跑，人人都有可能是勝利者。只有不參加的人，才是失敗者。」又如：「凡是將應該做的事拖延而不立刻去做，卻想保留到將來再做的人總是弱者。」

為什麼他如此重視時間管理呢？他是這麼認為的：積極管理時間，甚至與時間賽跑，不但能為平淡的生活增添競賽般的樂趣，還能激發自我的潛能，讓工作的質量得到改善，在最短的時間內締造出最大的成果，成就感會因此大大提升。

正因為微軟奉行的是效率原則，重視的是工作目標的呈現，只要能達到或超越既定的工作目標就可以了，所以微軟的員工不需要遵循朝九晚五固定工時的制度，而是「任意工時」，在最佳的工作狀態下工作，以達到最大的工作效率。

3.善用訊息傳遞

微軟非常重視資訊的流通，公司內部不分部門、職務高低，都能即時將個人的工作狀況、工作考量、瓶頸等反應給其他人知道，這樣能促進整個團隊成員彼此間的信任，以及互助合作，從而提高整體的工作效率。

蓋茲善於運用訊息流通、資訊公開等方式來創造團體的工作效率，其實是從二十世紀八〇年代的創業階段就開始了。當時他的公司規模很小，只有十二名員工，但他為了公司員工彼此間能更便於溝通，於是在公司內部安裝了第一套電子郵件系統，這套系統立即成了公司內部通信與管理的主要途徑，並發揮了極大的作用。

如今微軟的員工約有三萬人，坐落在西雅圖近郊的微軟公司由三十五個建築構成，看起來很像一所理工學院的校區，並且顯得格外安靜，連電話聲也很少，因為人人都使用電子信件。

蓋茲相信這一種不需要見面的交流方式，可以省去一些人際禮儀上的顧慮，也比口頭上的表達更能準確傳達心中的想法，因此他也開放自己的電子郵件給員工們，微軟的每一位員工都可以直接傳送電子郵件給他，這些郵件不會經過其他人員的過濾，他是這些郵件的唯一閱讀者，並會親自做出回覆。

他的桌上有兩部電腦，一部是連著整個網際網路的四個顯示畫面的電腦，另一部則是專門處理上千封電子郵件的電腦。每天，他都發出上百個人腦的電訊指令。

藉由電子郵件的往來，公司的員工們都能在最快速的時間內得到公司最新的決策消息，也就能在第一時間內落實公司的指示，這樣高速運轉的效率讓微軟隨時能發揮出最大的戰鬥力。

在資訊還不易傳遞的年代，就開始善用訊息的公開與流通來經營事業，展現出蓋茲在管理上的天份與獨特之處。

4.工作目標的建立

微軟在每個財政年度開始的時候，經理和員工會開會檢討上個年度的工作得失，並由雙方共同訂定新年度的工作目標表。工作目標表視每個人的職務有所不同而制定。另外在溝通的過程中，員工可以提出自己希望達到的目標，以及希望公司給予什麼樣的發展機會和培訓機會。年中的時候，經理會依照這工作目標表來審核員工，年終的時候再做一次評定，作為年度獎金和配股數量的依據。

三、家庭與人生觀

蓋茲在一場電腦科技會議上認識他的第一位女朋友——安・溫布來德（Ann Winblad）。安也是一位電腦專家，並擁有自己的事業，兩人居住的城市不同，交往期間通常是進行電話約會，例如約好在同一個時間去看同一部電影，再用電話交換感想。兩人一同渡假時，則會共同閱讀、討論科學領域的最新書籍。

蓋茲和安非常談得來，但最終因為某些因素，兩人並未結婚，而是始終維持好友的關係。即使是在蓋茲婚後，蓋茲夫婦每年春天都會一同和安共渡長假。

一九九四年一月一日，蓋茲與美琳達・法蘭奇結婚，其後兩人育有三名子女：珍尼佛・凱瑟林・蓋茲（一九九六年出生）、羅里・約翰・蓋茲（一九九九年出生）、菲比・阿黛爾・蓋茲（二〇〇二年出生）。

蓋茲對養兒育女的看法受到他父母的影響很深，他說：「我父母為我樹立了育兒典範：他們常常有很深入的交談，經常討論如何教育孩子，並常常一起教育孩子。這給我很深的印象，我一定要像他們一樣擁有魔術般的育兒術。」

他很重視親情的建立，曾說：「親情是極重要的，這是教育的開端。」女兒出世後，他就經常抱著女兒玩，女兒也極喜歡被他抱著，這種建立親情的方式看起來雖然再普通不過，卻是最溫暖的一種方式。

因為非常珍惜與孩子一同成長的時間，他寧可自己照顧孩子，也不要傭人幫忙。例如當他們的第二個孩子來報到後，因為美琳達要哺乳三個月大的兒子，女兒只能都交由蓋茲來照顧。他常常哄拍女兒睡覺，但有時哄著哄著，自己也睡著了。第二天早上，美琳達常常會發現他趴在女兒的小床邊打呼。

蓋茲和他的太太創辦了一個慈善基金會——比爾與美琳達．蓋茲基金會。這個基金會除了提供貧窮學生獎學金，對於一些重大疾病（如：愛滋病、瘧疾與肺結核等）的防治工作也有極大的貢獻。

他曾在二○○六年六月中，宣布自己將在兩年內漸漸淡出微軟日常事務的經營，改把主要的精力集中在衛生及教育慈善事業上。同年六月底、七月初之間，當時世界的第二富豪巴菲特捐出三百七十億美元給蓋茲夫婦的慈善基金會，加上該基金會原有的資金二百七十億美元，這個基金會的總資金超過六百億美元。

蓋茲不熱衷於庸俗的榮譽和知名度，曾說：「聞名於世，常常是一種極有腐敗性的東西。」

他計畫再工作個十年，然後像自己所承諾的那樣，只留給自己的每一個孩子各一千萬美元，然後把個人財產的絕大部分回饋給社會大眾。

一九九六年以前，他已經捐出數以幾千萬計的美元給哈佛大學和史丹佛大學，又捐出兩億美元給他父親管理的基金會。從一九九七年到二〇〇〇年，他再次捐出五億多美元，提供各類教育、科研、慈善基金會運用。

四、其他

1.比爾·蓋茲是一個十分有親和力又有氣度的領導者，不管是和同事或下屬往來，總是顯得彬彬有禮。在會議上聽到自己並不贊同的意見，不會輕易的或獨斷的否定對方的意見，而是謙虛的請教對方，如果對方的說法仍然無法讓他認同，他也不會當面反對，而是客氣的向對方索取相關資料，然後就此作罷。

2.在比爾．蓋茲的商業夥伴Ballmer眼中，比爾．蓋茲是一個脫俗又帶點古怪的人，思考方式經常是天馬行空的，說的話經常像兒童般天真，例如蓋茲常常說：「超級快樂，超級樂趣（super fun）」、「超級妙（super cool）」這類的話，有人就這麼評論他：「比爾．蓋茲喜歡追求超級快感、超級樂趣、超級妙。偉大的真理是簡潔的，他的語言單純簡潔，反映出他的人生不是苦行僧，而是快樂的創造。他的思想深邃和成熟，在這世上很少有人能和他相比。」

3.比爾．蓋茲給想要成功的年輕人九大忠告：激勵自己不斷奮進、培養健康的心態、塑造完美的品行、找到自己的人生目標、改變做事的技巧，運用正確的思維方式思考和處理問題、面對挫折、正確的對待付出與回報、挖掘人際的力量、把握生活的準則。

4.比爾．蓋茲除了熱愛與電腦相關的事物之外，對於生物技術也大有興趣。他不僅擔任一家專注於蛋白質基體及小分子療法公司（ICOS）的董事長，也投資其他生物技術公司。另外，蓋茲也投資電訊市場，其中一個投資項目有一個宏偉的目標，計畫使用幾百個低軌道衛星來提供覆蓋全世界的雙向寬頻電訊服務。

5.比爾・蓋茲的言論是社會關注的焦點，他所寫的書通常也都能一定程度受到大眾的重視而成為暢銷書。例如：一九九五年比爾・蓋茲撰寫的《*The Road Ahead*》（《未來之路》），曾經連續七週名列《紐約時報》暢銷書排行榜的榜首。一九九九年，他的另一本著作《未來時速》問世，他在這本書中告訴人們電腦技術是如何以最新穎的方式來解決商業問題。這本書前後以二十五國的語言出版，超過六十個國家的出版商發行了這本書。這本書引起廣大的迴響以及讚譽。比爾・蓋茲把這兩本書的全部收入捐獻給了非營利的組織，以支援科技教育和技能培訓。

❶由於比爾・蓋茲不是英國公民，所以雖然獲得了榮譽爵士稱號，但按規定不能在名字前冠上爵士的頭銜，而是在名字後面加上後綴英文字母縮寫「KBE」，亦即「英帝國爵士級司令」。

4 誕生於沙漠的財富之神——拉克希米・米塔爾

Lakshmi Mittal

一、第一桶金
拉克希米．米塔爾（Lakshmi Mittal）出生
的沙漠地區，他在貧困的
家境中度過童年時光。
米塔爾的名字「拉克希米」，在印度
有「財富之神」的意思，從名字可
看出他父親對這個孩子有著相當大的期
米塔爾是家中的長子，他的父親很早就開始從事鋼鐵製造業，但是剛開始
時事業並不順利，因此家中的經濟狀況很糟。他們也因為貧窮而沒有能力購買房
屋，所以在很長的時間裡，米塔爾一家是和米塔爾的祖父一起住，當時米塔爾家
族二十口人只能住在光禿禿的水泥板上，睡的是吊床，三餐則得在用磚塊砌成的
院子裡露天生火做飯。
直到米塔爾的父親成了一家鋼鐵廠的股東後，家中的經濟
整個家族也跟著日益強盛了起來。
或許是早期家境困苦使然，使得米塔爾
就非常內斂，

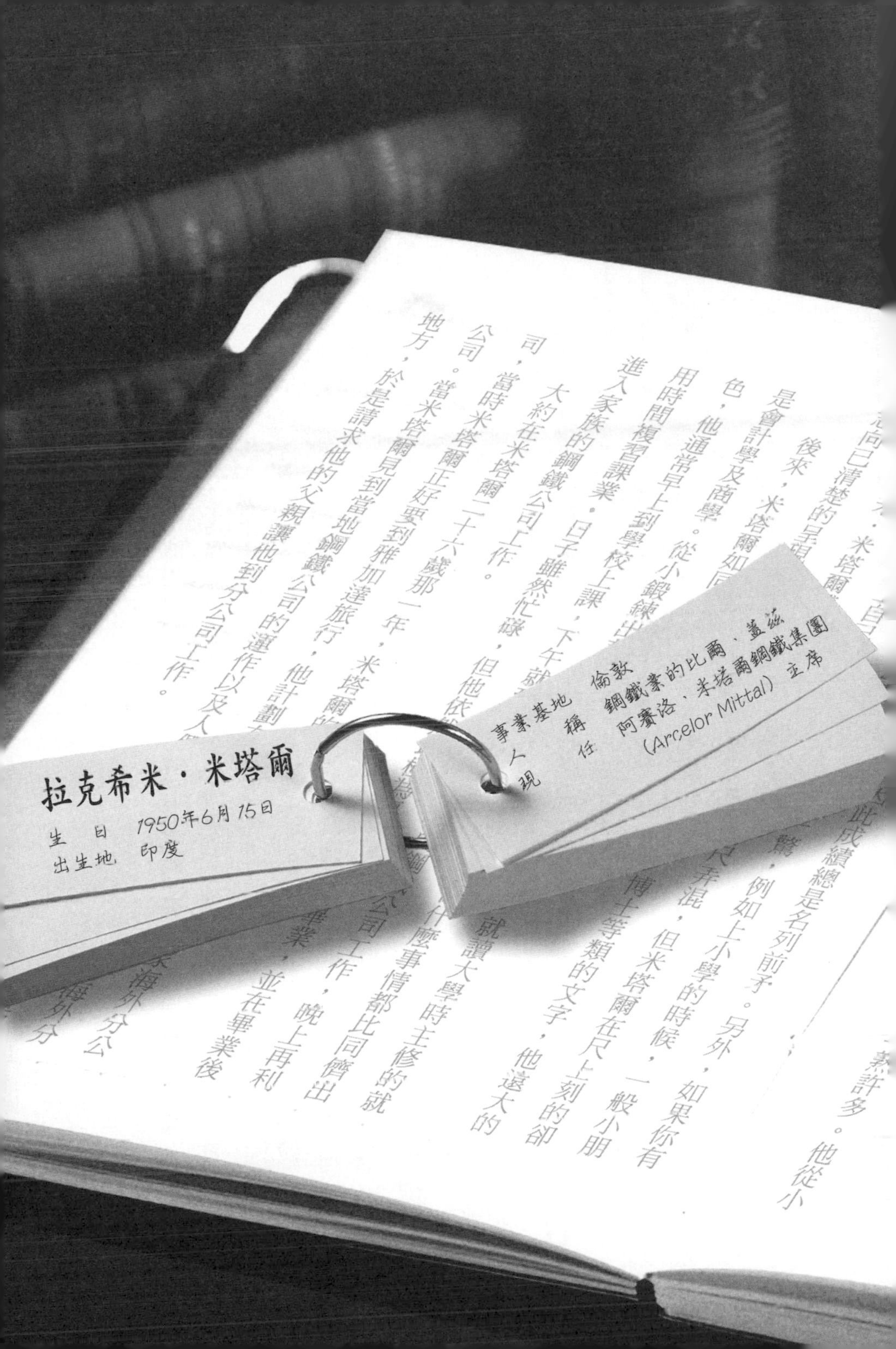
拉克希米·米塔爾
生日 1950年6月15日
出生地 印度
事業基地 倫敦
人稱 鋼鐵業的比爾·蓋茲
現任 阿賽洛·米塔爾鋼鐵集團（Arcelor Mittal）主席

事業

拉克希米．米塔爾出生於印度的沙漠地區，是以倫敦為基地的印度裔億萬富翁及工業家。米塔爾早在家族鋼鐵企業裡工作的時期，就展現過人的經營手腕，為家族企業在海外事業的拓展上，立下不少大功。一九九五年前後，米塔爾和父親、兄弟在經營的理念上不合，於是憑藉著自己長期所掌握的國際業務，成立一家獨立的鋼鐵公司——米塔爾鋼鐵集團（ＬＮＭ集團），在荷蘭完成註冊的手續，並將公司的總部移往英國的倫敦。二〇〇五年三月米塔爾鋼鐵集團成功購併美國國際鋼鐵集團，成為成為全球規模最大的鋼鐵企業，超越全球第二、三、四大的鋼鐵製造集團的總和，其鋼鐵產量占世界鋼鐵總產量的百分之十。另外，通過不斷的購併與企業資源整合，米塔爾鋼鐵集團被視為「世界全球化程度最高」的公司。

二〇〇六年七月米塔爾購併當時全球第二大鋼鐵企業阿賽洛集團百分之九十二的股權，由此組成阿賽洛．米塔爾集團後，年產鋼一點一六億噸、年營業額達六百億歐元、員工數超過三十二萬的超級鋼鐵巨頭，其生產規模至少是最大競爭對手的三倍。根據英國《週日泰晤士報》於二〇〇八年四月二十七日所公布，米塔爾的身價已達到兩百七十七億英鎊（約一兆六千六百六十億台幣），財富比二〇〇七年多了八十五億英鎊（五千一百一十二億台幣）。由於阿賽洛．米塔爾鋼鐵集團的實力雄大，其購併行動非常驚人，引起亞洲各鋼鐵大國的震驚，中國、日本以及韓國都曾呼籲亞洲國家組織亞洲鋼鐵聯盟，以對抗阿賽洛．米塔爾鋼鐵集團。

重要榮譽

☆二〇〇六年獲《英國金融時報》選為當年度的風雲人物。

☆二〇〇七年五月，米塔爾入選《時代雜誌》一百位最具影響力的人物之一。

☆自二〇〇五年起，米塔爾蟬聯英國境內首富。

財富金榜

☆據二〇〇八年《富比士》雜誌的統計，拉克希米．米塔爾個人的資產淨值為四百五十億美元，居世界第四位。

名言

．你一定要努力，沒有魔術讓一個人一夜暴富，成功是自己努力不懈的結果。

．我能夠建立一個真正全球性的並且是獨一無二的鋼鐵公司，這才是我真正感到驕傲和快樂的事情。一個人是不是擁有很多錢，這並不重要，重要的是你是否擁有快樂的人生。

．金錢並不是最重要的，有了錢之後你可以擁有更好的東西，可以擁有你想得到的東西，但是這根本就不會改變你的思維方式。

．我絕對不會去碰沒把握在兩年內搞定的公司。

一、第一桶金

拉克希米・米塔爾（Lakshmi Mittal）出生於印度的沙漠地區，他在貧困的家境中度過童年時光。

米塔爾的名字「拉克希米」，在印度語中有「財富之神」的意思，從名字可看出他父親對這個孩子有著相當大的期許。

米塔爾是家中的長子，他的父親很早就開始從事鋼鐵製造業，但是剛開始時事業並不順利，因此家中的經濟狀況很糟。他們也因為貧窮而沒有能力購買房屋，所以在很長的時間裡，米塔爾一家是和米塔爾的祖父一起住，當時米塔爾家族二十口人只能住在光禿禿的水泥板上，睡的是吊床，三餐則得在用磚塊砌成的院子裡露天生火做飯。

直到米塔爾的父親成了一家鋼鐵廠的股東後，家中的經濟環境才漸漸好轉，整個家族也跟著日益強盛了起來。

或許是早期家境困苦使然，使得米塔爾比起同年齡的孩子早熟許多。他從小就非常內斂，總是埋首在書堆裡苦讀，因此成績總是名列前矛。另外，如果你有機會看到他在文具上寫的文字，一定會大吃一驚，例如上小學的時候，一般小朋友通常會在尺上刻上自己的姓名，以免與他人的尺弄混，但米塔爾在尺上刻的卻是拉克希米・米塔爾博士、商學士、工商管理碩士、博士等類的文字，他遠大的志向已清楚的呈現在尺上面了。

後來，米塔爾如同他自己所期望的往商學的領域發展，就讀大學時主修的就是會計學及商學。從小鍛鍊出刻苦的性格，讓米塔爾不管做什麼事情都比同儕出色，他通常早上到學校上課，下午就到他父親所經營的鋼鐵公司工作，晚上再利用時間複習課業。日子雖然忙碌，但他依然以極為優異的成績畢業，並在畢業後進入家族的鋼鐵公司工作。

大約在米塔爾二十六歲那一年，米塔爾的父親在雅加達設立了一家海外分公司，當時米塔爾正好要到雅加達旅行，他計劃在旅行的途中，去看看這個海外分公司。當米塔爾見到當地鋼鐵公司的運作以及人們生活的情形，就喜歡上了這個地方，於是請求他的父親讓他到分公司工作。

米塔爾在分公司期間，全力開拓海外鋼鐵工廠的市場，事業越做越大，這個地方成了他日後事業起飛的立足點。

二、企業的成長之路

（一）遠大的企圖心——沒有國界的購併之路

米塔爾主要是藉由收購活動，慢慢建立起自己的鋼鐵王國，他認為：「生命苦短，你來不及白手起家創建自己的公司」，也深信：「我們需要更多大型的、健康的公司。他們會促使整個行業持續發展。行銷整合會繼續下去，這是我所期盼的。」基於這些的想法，他非常專注於「購併之路」。如今他憑藉著強大的行動力，其所領導的鋼鐵王國橫跨了十四個國家。這種運用全球化視野、全球化思維，打造全球資源整合能力來參與全球競爭，是米塔爾成功的根本原因。

一九八一年，米塔爾家族在印度尼西亞設立一家新的電爐煉鋼廠，年產量大約有三十萬噸。次年，米塔爾租下當地提供鋼鐵原料的特里尼達和多巴哥鋼鐵公司，自行經營，花了七年的歲月（一九八九年），完成購併與改造這兩家鋼鐵原料公司的目標。

一九九二年，墨西哥政府所擁有的第三大鋼鐵工業SIBAISA鋼鐵公司陷入經營困境，政府部門不得不為這家鋼鐵企業尋求其他的生路，最後決定將其私有化，讓民間有能力的企業接手。不過，一般企業看到SIBAISA鋼鐵公司負債的情形，幾乎都卻步不敢冒進，此時，米塔爾展現他獨特的手腕與氣魄，僅用了二點二億美元就收購了這家鋼鐵公司。米塔爾認為這家高度現代化的公司，當初光是興建就花了政府二十二億美元，加上這家鋼鐵公司每年平均能夠生產焊管三十三萬噸，並擁有港口設備、年產三百萬噸鐵礦石的礦山企業，這些林林總總的資源，能夠用二點二億美元就換來，怎麼看都是穩賺不賠。

一九九四年，加拿大政府出售該國第四大鋼鐵企業希德貝克公司，沒多久之後，他又收購了一家位於加勒比海地區的非石油工業聯合企業。

一九九五年，米塔爾和他的父親、兄弟在經營的理念上不合，他憑藉著自己長期所掌握的國際業務，成立了一家獨立的鋼鐵公司——米塔爾鋼鐵集團，在荷蘭完成註冊的手續，成立LNM集團，並將公司的總部移往英國的倫敦。

成立LNM集團之後，米塔爾持續瞄準各國大型的鋼鐵企業，一有機會就出手購併，例如該集團才成立沒多久，德國漢堡鋼鐵公司也成了米塔爾的囊中之物。

一九九八年，美國第六大鋼鐵企業美國內陸鋼鐵公司也被納入LNM集團之中。米塔爾收購這家公司，主要是看中該企業與世界第二大的鋼鐵企業公司——新日鐵公司有密切的合作關係。過去這兩家公司合資建成了一座年產量一百萬噸的冷軋廠，以及一座年產量九十萬噸的熱鍍鋅板廠，美國內陸鋼鐵公司擁有這兩座工廠百分之六十及百分之五十的股權，現在米塔爾經由購併，取得該公司的同時，輕鬆取得了這些價值不斐的股權。

一九九九年法國、二〇〇一年羅馬尼亞、二〇〇二年至二〇〇三年捷克、二〇〇四年波蘭、羅馬尼亞、馬其頓、一九八九年至二〇〇四年愛爾蘭，這幾年之中，這些國家內諸多重要的各類型鋼鐵企業，都一一成了LNM集團的一部分。這些鋼鐵公司在被收購之際，絕大多數都面臨經營不善而將被解散的命運，米塔爾卻深具信心，他認為這些公司通過人事精簡、降低成本、技術改革，以及銷售更具有市場價格的商品等方式，必然可以回復這些公司原有的榮景，並締造出更好的成績。

二〇〇五年三月米塔爾鋼鐵集團成功購併美國國際鋼鐵集團，成為成為全球規模最大的鋼鐵企業，超越全球第二、三、四大的鋼鐵製造集團的總和，其鋼鐵產量占世界鋼鐵總產量的百分之十。另外，通過不斷的購併與企業資源整合，米塔爾鋼鐵集團被視為「世界全球化程度最高」的公司。

二〇〇六年七月米塔爾購併當時全球第二大鋼鐵企業阿賽洛集團百分之九十二的股權，由此組成阿賽洛・米塔爾集團後，年產鋼一點一六億噸、年營業額達六百億歐元、員工數超過三十二萬的超級鋼鐵巨頭，其生產規模至少是最大競爭對手的三倍。

近年，米塔爾除將目光轉往亞洲市場如中國之外，也投向自己的祖國印度。他說：「我不想經營全球最大的鋼鐵企業，而想經營最賺錢的鋼鐵企業。」他的談話又再次顯示出他強大的企圖心。

在這些看似瘋狂的收購行動裡，米塔爾並非倚仗自身的雄厚資本，進行盲目收購，他面對眾人的質疑時就曾說：「我絕對不會去碰沒把握在兩年內搞定的公司。」可見，米塔爾對於一家公司的內在潛力，有著精準的眼光與精明的評估。

另外，要跨國購併企業比起購併國內的企業，存在著更多艱難的問題，米塔爾卻能一再跨越國際的超級門檻，取得一次又一次的成功，在在展現了他個人獨特的智慧。

（二）化腐朽為神奇的能力

米塔爾為了防止外國投資者控制他的企業，因此一直讓家庭成員掌握企業管理大權，兒子、女兒均是公司董事會的重要成員，共同參與公司的經營運作。基本上，他不直接負責集團的日常事務，而是花更多的時間思考戰略性的問題，以確定企業未來的發展方向，並非常重視與員工的溝通，以利於推動企業資源的整合。

此外，要成為成功的收購者，不僅要擁有雄厚的財務實力，具有前瞻性的眼光以及收購後整頓再造的經營能力，也是不可或缺的必要條件。當鋼鐵這一行業並不十分討好的時候，米塔爾已經相準了時機，趁著這個行業行情低迷的時候，大舉收購一些岌岌可危的鋼鐵公司，因為這些公司的狀態已經不好，所以往往用低價就能取得。

在取得這些公司後，米塔爾除了先投入足夠的資金，也聘請有經驗的管理幹部接手管理，對該公司總體檢，進一步革除該公司的弊端，並提升生產的效率。

米塔爾在鋼鐵業低迷的時候，瘋狂收購毫無前景可言的公司，並投入龐大的人力、物力，這些行為讓許多鋼鐵公司的管理者大呼不可思議，難以理解。

不過，隨著二〇〇四年的到來，世界各地的景氣復甦，加上中國對鋼鐵業的需求大幅提升，這個日易好轉的大環境，讓米塔爾過去投入的心血，化為纍纍的果實，那些不看好米塔爾收購行為的管理者，不再認為他是個瘋子，而是奉之為鋼鐵界的天才。

在米塔爾的收購行動裡，展現的不僅是過人的膽識，他對於細節的掌握程度也讓人打從心底佩服。例如有一次，位於捷克的鋼鐵工廠的經理提了一個報告，這個報告的主題是對於該工廠在改革再造期間生產產量的評估。當米塔爾到該工廠視察時，發現這個評估做得非常的粗糙，對於應該注意的細節竟然隻字不提，他十分生氣，當下就要求該經理立即改善。對於細節的重視，展現了他另一個之所以能成功的重要關鍵。

米爾塔一次又一次讓朝不保夕的企業起死回生的整頓再造能力，越來越受到世人的注目與肯定。他究竟是如何辦到的呢？這當中有很大的原因來自於他的勤奮。米塔爾雖然名列世界級富豪之列，但他為了事業，鮮少留在倫敦的豪宅中生活，而是奔波於世界各國之間，四處考察海外分公司，以及觀察世界各地的政經狀況，尋找新的合作夥伴，因此他每年乘坐私人飛機的飛行里程幾乎都達到了三十五萬英哩。這些考察讓他知道哪裡需要什麼樣的鋼材，以及隨時掌握世界上最先進的煉鋼技術；而當那些經營困難的小型鋼鐵廠管理人正在憂愁薪資發放問題的時候，他早已在思考如何改造這些工廠，以及該將產品出售到世界上的哪一個地方去。

米塔爾除了實地考察之外，每一個星期一，他都會召開電話會議。這個會議主要的參加對象是集團中負責各地營運的首席營運官，他的用意是希望透過這種會議，讓各地的主管都能互相了解彼此公司的營運狀況，有困難的地方，可以集思廣益，互助合作。他也常跟著提出解決問題的幹部一同飛往有困難的營運單位，對於特別困難的問題，他則會特別請出各分公司中的菁英，組成技術小組，讓他們去解決棘手的難題。

此外，在技術改革方面，他投入了大量的資金取得了技術領先，例如：將傳統的高爐煉鋼技術轉化為效率更高的微型煉鋼爐；又如：還原鐵的還原技術。這兩項技術讓LNM集團，能夠高效率的經營運作，並取得更低成本的原料。

由於米爾塔前瞻性的眼光，以及超人的實踐力，儘管他並沒有去申請專利，但如今這兩項技術，不但鞏固了其在鋼鐵業界的領導地位，也是其他同業難以仿效及跟上腳步的。

三、家庭與人生觀

米塔爾平常最喜歡的打扮是，穿著灰西裝、白襯衫、打著藍領帶，看起來就像一個平凡的鄰居。他是個素食主義者，日常生活通常是從晨起練習瑜珈開始，嗜好是滑雪。他在二十六歲左右，娶烏莎（Usha）為妻，烏莎是家鄉一位放債人的女兒。兩人育有一子（阿蒂提亞）一女（瓦妮莎）。

他很滿意自己的家庭生活，曾公開表示可以和妻子兒女聚在一起生活是非常棒的事情，他們一家喜歡共同談論家族的生意。在孫子出世之前，他早已計劃好要帶著孫子到自己經營的煉鋼廠參觀，看看人們如何煉造鋼鐵，也讓孫子學習爺爺是如何和人交流，他希望孫子從小就開始學習那些從書本上學不到的經驗。

據說，由於倫敦為米塔爾帶來了相當多的好運氣，所以他和家人長期居住在倫敦。不過他和妻子都保有印度護照，他們從不曾忘記自己是印度人，總是關心印度的發展情勢，也喜歡按照印度傳統的生活方式生活。

同時，他認為自己的成功，與印度的文化背景也密不可分，他說：「做為一個印度人是非常有好處的，如果你生活在一個擁有多種方言以及多種族的國家裡，你就十分容易的學到很多的知識，例如如何消除歧見，以及如何妥協等等技巧。」米塔爾是如此以身為一個印度人為榮，他的成就也讓印度的人們引以為豪。

他除了會賺錢，也非常會花錢，幾度被評論為「標準的揮金如土的奢侈主義者」。例如：他在倫敦的豪宅價值一億兩千萬美元，這個以天價購買英國皇宮附近私人豪宅的紀錄，至今尚未有人超越。

此外，二〇〇四年他為女兒瓦妮莎舉行的婚禮之奢華[1]，也讓世人印象深刻，連米塔爾的父親也忍不住抱怨米塔爾的生活過於奢侈。

然而，在世人高度注目他賺錢與花錢的能力的同時，他更看重自己在事業上取得的成就感，他認為讓自己感到幸福與快樂的真正原因，並非大家所以為的龐大財富，他說：「金錢並不是最重要的，有了錢你可以擁有更好的東西，但這不會改變你的思維方式。使我真正感到快樂的是，我能夠建立一個真正全球性的、獨一無二的鋼鐵公司，這才是令我驕傲和快樂的事。無論你是否有錢，快樂是最重要的。」

四、其他

1. 米塔爾及其家族的鋼鐵集團，其發展主要可分為三個階段：第一個階段長達二十四年（一九五七年至一九八一年），主要是以自有資金投資新建項目為主。取得的成就是成為印度、印度尼西亞的小型跨國企業；第二個階段歷經十四年（一九八一年至一九九五年），這個階段以跨國購併短流程廠為主。取得的成就是發展為粗鋼年產量二百萬噸、在五個國家擁有六家企業的跨國公司；第三階段（自一九九五年迄今），由一個成功的資產經營龍頭，進一步成為資本運作的超級高手。

2. 米塔爾領導的集團，其購併的「對象的選取」、「購併策略」、「購併後的經營模式」有以下特點：其一，其選擇購併對象的原則，係瞄準擁有核心技術、成本低、市場前景看好、硬體設備具有一定水準但經營不善，且政府部門將私有化的國有企業。其二，在購併策略方面，採取靈活多變的購併策略，在必要時刻不排斥與其他公司合作，或是採取逐步取得股份的模式取得企業經營權。

其三，在購併前後，對於購併的對象做出承諾，除承擔債務，在約定的時間內不會改變僱傭關係之外，也注入改造資金。此外，進行企業之間資源整合時，堅持同化與改造並重，注重知識共享，以利於被購併的企業能在最短時間內，融入LNM集團。

3.米塔爾有兩個弟弟長期居住在印度。其中一位——普拉莫德・K・米塔爾（Pramod K Mittal）從學院畢業後便接掌父親的鋼鐵事業，是印度鋼鐵Ispat鋼鐵集團的董事長兼總經理。普拉莫德一心向他的兄長米塔爾的成就看齊，在利比亞、波士尼亞、菲律賓等國家也擁有鋼鐵工廠，其收購其他鋼鐵廠的冒險精神與經營手腕不下於其兄米塔爾，但是相較之下，他走的路線風險更高，因而當米塔爾成為世界最大的鋼鐵製造商時，普拉莫德在加爾各答的Ispat公司年度（二〇〇五年至二〇〇六年）虧損八十一點二六七億盧比。

❶關於這場婚禮之奢華，可詳見劉祥岦編著：《印度鋼鐵大王——拉克斯米・米塔爾》，台北縣：緋色文化出版社，二〇〇七年五月，頁二四八—二五一。

5 新家居文化的創造者——英瓦爾・坎普拉德

Ingvar Kamprad

否可以做成這筆生意。」
例如：在IKEA成立的初期，坎普拉德看到
則賣鋼筆的廣告，他很
中意這一款鋼筆，覺得這樣的鋼筆一定會受
的歡迎，於是馬上提筆寫信給
該鋼筆的英國製造商，英國方面看了他的
便授權給IKEA，使其成為該品
牌鋼筆在瑞典的總代理。這筆交易是
A成立之後的第一筆大買賣。從這樣的
事情，可以看出他的善於發現機會，以及高效率的行動力。
一段日子之後，他漸漸感到自己的不足之處，有了再深造的念頭，於是一面
經營事業，一面開始到商學院去上課，充實自己的經營與銷售能力。
創業初期，他銷售的物品絕大多數都屬於很簡單的生活用品，例如：皮夾
子、手錶、尼龍襪、桌布、畫框等。只要是能夠以低廉價格進貨的商品，他就
設法進貨，著手經營。誰都沒有想到這麼年輕的小夥子所創立的公司
幾年內，就成為一家全球知名的企業。
他回想自己賺到第一個一百萬的心情時說：「當
我的確高興得要命，但現在我已經忘記了，
錢不能拿來當夜

英瓦爾・坎普拉德
生日 1926年03月30日
出生地 瑞典
事業基地 瑞典
現況 IKEA（宜家家居）創辦人，目前退休

事業

英瓦爾・坎普拉德於一九四三年創立IKEA，起初是銷售簡單的生活用品，例如：皮夾子、手錶、尼龍襪等，一九五三年才轉經營家具業。創業之初，坎普拉德只有十七歲，雖然年輕，但憑藉著創意、經商天賦，以及獨特的商業思維與操作，將IKEA打造成家居業的龍頭企業，並超越國界，影響人們對生活文化的看法。據統計，至二〇〇六年十二月為止，IKEA在全世界的三十四個國家和地區中，擁有二百五十家大型門市（其中二百二十一家為IKEA集團獨自擁有）。

重要榮譽

☆美國《商業周刊》認為IKEA是堪稱典範的全球性熱門品牌。

財富金榜

☆據二〇〇八年《富比士》雜誌的統計，英瓦爾・坎普拉德及其家族的資產淨值為三百一十億美元，居世界第七位。

名言

・我們要把追逐利潤的商業動機同永恆的人類社會理想結合在一起。

・真正的IKEA精神，是依據我們的熱忱，我們持之以恆的創新精神，我們的成本意識，我們承擔責任和樂於助人的願望，我們的敬業精神，以及我們簡潔的行為所構成的。

·推動我和我的生意不斷向前發展的關鍵，是一種特別的滿足感，一種不願錯過任何機會的激情和渴望。不管當前面對著怎樣的情況，也不管最後的結果是怎樣的，我總會忍不住先要想一下是否可以做成這筆生意。

·只要我們動手去做，事情就會好起來。我們的生活就是工作，沒完沒了的工作。

·我的確很摳門，但是不對嗎？錢夠我花就行了，而且，我還要自問：IKEA的顧客能否付得起這些花費？

·如果我享受奢華的生活，別人就會效仿，領導人要做榜樣，這一點非常重要。

一、第一桶金

（一）天生的推銷員

英瓦爾．坎普拉德（Ingvar Kamprad）是IKEA（宜家家居）的創始人，一九二六年出生於瑞典阿古納瑞德村莊（Elmtaryd）中的艾爾姆塔瑞德農場（Agunnaryd）裡。[1]這裡屬於瑞典的冰原地區，土地相當貧瘠，居民要生存下來，除了勤勞工作，也要懂得變通，以及善於利用有限的資源。這樣的生存環境對於坎普拉德的一生有著深刻的啟發與影響。

一八九六年坎普拉德的祖父母用郵購的方式購買了一片森林，次年他的祖父因向銀行貸款不成而舉槍自盡，當時他的祖母——芙西蘭斯卡．芬尼非常年輕，卻要一肩負起照顧兩個兒子、一個女兒的責任，還得應付一家子的生計。

幸好，芬尼的意志力過人，又具有管理的才能，讓子女走出喪父的陰霾，並逐漸能過著穩定的生活。芬尼堅韌的性格以及管理上的能力，是坎普拉德成長過程中的最佳榜樣。

坎普拉德的外祖父是當地出色的商人，因而他的母親是在頂尖的商業家族中成長，在經營方面很有天份，而他自己也繼承了這個商業家族的血統，五歲就展現了極高的商業天賦。

五歲的時候，坎普拉德的玩伴要去買火柴，找他作伴去買，一路上這個玩伴不停的抱怨商店太遠了，還說寧願花自己的零用錢請人幫忙買，也不要走這麼遠的路活受罪。他聽著玩伴的話，想到家中正好還有很多火柴，於是提議把自己家中的火柴賣給他，玩伴高興得不得了，這兩個小朋友就這樣很愉快的完成了交易。

他一直把這個不錯的經驗放在心上，也開始觀察附近鄰居家使用火柴的情形，結果發現莊園附近住家的火柴用量都不小，他心想如果可以先從市集購買大量火柴回來，再轉賣給不願意親自上市集買火柴的人家，就可以從中賺取利潤。

他拿出平常存下來的錢，請嬸嬸幫忙從市集買一百盒的火柴回來。他拿到火柴後，第一個推銷的對象是自己的祖母芬奇。芬奇看到坎普拉德年紀雖小，但十分機靈，如此懂得做生意的方法，於是摸著坎普拉德的頭笑著稱讚他，開心的向小孫子買了幾盒火柴。

他很滿足的收下祖母的錢，又蹦蹦跳跳的去向鄰居們推銷火柴。一天之內，一百盒火柴全數賣出去。扣掉成本，他賺的錢雖然不多，但卻增加了很多的信心，也從此喜愛上銷售這個行業。他陸陸續續用同樣的模式，購進一些小商品，除了祖母是他的忠實顧客，鄰居們多半也很捧場。

坎普拉德越來越有信心，也越來越有生意頭腦，經常思考怎樣才能將商品有效率的和以更便宜的價格賣給顧客。後來，他進貨的管道多了，能以更低廉的價格買進火柴，即使以低廉的價格售出，也能賺取利潤，因此鄰居們都喜歡向他購買火柴。

他最喜歡騎著腳踏車，穿梭在大街小巷到處推銷自己的貨物，也經常笑容滿面的敲開鄰居們的大門，除了向鄰居推銷火柴，也樂於和鄰居們聊天，問問他們有沒有欠缺什麼物品，他邊聊邊順手記在隨身攜帶的小簿子上，等下回進貨的時候也設法進這些貨物。

不管鄰居有沒有向他買東西，他都維持一貫熱情而真誠的態度與人寒暄，因此贏得了很好的人緣。他常告訴鄰居們：「坎普拉德滿足你們的需求。」於是，他賣的物品種類越來越多，例如：魚、種子、圓珠筆、鉛筆及聖誕節裝飾品等。

（二）善於把握機遇

一九四三年，坎普拉德才十七歲就創立了一家屬於自己的公司，雖然一開始只是「一人公司」，日後卻發展為遍布三十餘個國家，一百五十家商場的IKEA。

在IKEA還是一人公司的時候，坎普拉德既是管理者也是員工，每天為了進貨出貨，總是忙得團團轉，儘管如此，他還是一天到晚樂此不疲的忙碌著。

日子忙碌歸忙碌，但絕不是盲目的忙碌，他總不忘在百忙的生活中持續發掘機會，並把握住機遇，正如他自己經常說的話：「推動我和我的生意不斷向前發展的關鍵，是一種特別的滿足感，一種不願錯過任何機會的激情和渴望。不管當前面對著怎樣的情況，也不管最後的結果是怎樣的，我總會忍不住先要想一下是否可以做成這筆生意。」

例如：在IKEA成立的初期，坎普拉德看到報紙上一則賣鋼筆的廣告，他很中意這一款鋼筆，覺得這樣的鋼筆一定會受到大眾的歡迎，於是馬上提筆寫信給該鋼筆的英國製造商，英國方面看了他的信後，便授權給IKEA，使其成為該品牌鋼筆在瑞典的總代理。這筆交易是IKEA成立之後的第一筆大買賣。從這樣的事情，可以看出他的善於發現機會，以及高效率的行動力。

一段日子之後，他漸漸感到自己的不足之處，有了再深造的念頭，於是一面經營事業，一面開始到商學院去上課，充實自己的經營與銷售能力。

創業初期，他銷售的物品絕大多數都屬於很簡單的生活用品，例如：皮夾子、手錶、尼龍襪、桌布、畫框等。只要是能夠以低廉價格進貨的商品，他就會設法進貨，著手經營。誰都沒有想到這麼年輕的小夥子所創立的公司，會在短短幾年內，就成為一家全球知名的企業。

他回想自己賺到第一個一百萬的心情時說：「當第一個一百萬到手的時候，我的確高興得要命，但現在我已經忘記了，除了匯單上的號碼，我全都忘記了。

錢不能拿來當飯吃，它只是使你變得富有。」

二、企業的成長之路

(一)更上一層樓

1. 瞄準家具市場

第二次世界大戰期間，瑞典因為是中立國，沒有受到戰火直接的摧殘，但是難免還是受到了一些影響。戰後經濟才開始復甦，瑞典的農村人口開始大量移往都市，都市地區擴大，許多到城市打拚的人，極需有個新的安身之處，而為了裝潢新家，對於家具的需求也就跟著增加，坎普拉德很快就察覺到這一股蓄勢待發的家具購買熱潮，毅然決然放棄了當時其他做的還不錯的業務，專心從事低價位家具的經營，IKEA的經營方向也就此轉型，往家具市場進攻。

轉型之初，坎普拉德遇到不小的挫折，因為當時瑞典的家具業被一些製造商與零售商壟斷，壟斷者彼此之間訂立合約，合力排斥新的競爭者，因此IKEA的

產品無法進入既有的銷售通路。

雖然受到如此無情的抵制，善於變通的坎普拉德一點也不畏懼，沒多久就找到出路，他找到了一間廢棄的舊廠房，並將它改造，一部分的空間拿來做倉庫，另一部分的空間則成了家具產品的展示場。

在展品的陳列上，他將同種商品但價格不一的家具放在一起，讓顧客很容易就可以看出便宜的家具和貴一點的家具之間品質的差異，結果大部分的顧客如同他所預測的一樣，都選擇了稍貴而品質較好的家具。

此外，他讓IKEA本身兼具製造商和零售商的功能，這個創舉大大降低了經營的成本，家具也能以較低的價格售出，這個策略的運用非常成功，其推出的家具受到消費者熱烈的回應，生意興隆，業績快速超越其他長久經營家具業的同行。

其他的競爭業者眼見他的生意越來越好，採取了更為瘋狂而全面的抵制及打擊行動，例如限制他參加各種買賣交易會，並對其供應商施加龐大的壓力。

面對殘酷的現實，他展現的是更高度的危機處理能力，他積極成立新的公司，讓這些公司以各種不同的角色活躍於市場上，那些抵制者就無法輕易的封殺他去參加交易會。也因此，那些抵制者將他形容成「長了七個腦袋的怪獸」。

另外，他不願再處於挨打的位置，而採取了一系列強烈的反擊，尤其是在交易會場上宣布讓競爭對手無法想像的特別價格，這種價格戰讓對手幾乎沒有招架的能力。

除了競爭者的抵制，IKEA也面臨其他大大小小的困難，不過坎普拉德把每一次的難題都當作一次可貴的成長契機，例如有一次在幫顧客運送桌子的過程中，不小心弄斷了一隻桌腳。

為了避免再發生類似的狀況，坎普拉德和一位設計師商討解決的辦法。兩人想出了「平整包裝」的構想，也就是在設計家具時採取散組件的方式。以桌子的設計為例，讓桌腳的裝置設計成活動式的，要運輸時就能卸下來綁在桌面上，這樣不但節省運輸的空間，家具也不容易受到折損，這種包裝方式從此成了IKEA產品設計的核心，直到今日，世界各地的家具商或多或少都學習了IKEA所開創的這種包裝設計。

2.走向全世界

再也沒有人能夠打擊坎普拉德，在他的領導之下，二十世紀六〇年代初期，IKEA的事業版圖不但在瑞典逐步成長，並開始走向了世界：

第一個國外生產基地在波蘭。當初坎普拉德試圖在波蘭找到低成本的家具生產工廠，但卻在這趟旅程中，對波蘭人在木材製造品上的工藝、對家具的品味，以及低廉的價格等方面感到大為驚豔，於是在波蘭成立IKEA的國外生產基地。

第一個國外分店在挪威的奧斯陸。接著，在丹麥、瑞士也都有分公司，一九七四年起陸續打進了德國、加拿大、荷蘭等地的市場，一九八〇年起，更是非常成功的進駐美國及英國的家具市場。

每回大舉進軍到世界各國的家具市場之前，都會先開設小規模的店鋪，等適應了當地的文化及環境之後，再大規模進入該國的市場。

其之所以能成功打入世界各地的家具市場，來自於他們投注龐大的人力、心力，以及各種獨特巧思的運用，營造出自有品牌的獨特魅力。例如：

在世界各地的分公司都聘請眾多的設計師，這些設計師絞盡腦汁、傾盡心力，為了研發新產品不斷努力，每個月都能夠推出新的商品，產品更新的速度越來越快，這些設計成果讓IKEA跟上時代的腳步，甚至常常引領家具商品設計的潮流。

在世界各地共擁有四十三家貿易公司，這些貿易公司的員工都肩負重任，除了商談價格，也負責監督產品的生產品質，並催生新的設計方案。同時，他們還負責監督當地供應商在社會環境、工作條件和環保等各方面所做的工作，是否符合IKEA的規定。

IKEA在家具的種類上應有盡有，並且非常擅長於陳列商品，視各種商品的性質與特色，做靈活的陳列，其中最大的特色是把商品的擺設與室內設計及裝潢做連結，例如將大型的展場規劃成一個個隔間，標示出隔間的坪數，示範不同大小住宅的空間運用，用IKEA的家具布置客廳、廚房、浴室、臥室、書房、兒童遊戲間，如此一來，顧客在逛展場時，就不單單依自己的需求找尋單件商品，也能看到眾多IKEA商品組合出來的獨特空間魅力。

IKEA讓家居用品的賣場成了一種生活方式的呈現，這種方式為消費者增加了許多逛展場的趣味，也特別能刺激消費者的購買力。

據統計，二〇〇四年世界各地的IKEA，顧客的參訪數已達到了三億一千萬人次。

（二）經營與管理

1.樹立一體化品牌以及特有的組織架構

坎普拉德的生意頭腦，還在於他對自有品牌專利的獨特看法以及堅持。他顧用眾多的設計師來設計產品，以確保能擁有全部的產品以及所有產品的專利權，也就是說IKEA所賣的產品絕對是IKEA製造，形成一體化的品牌。

IKEA是典型的家族式企業，在發展壯大的過程中，有人建議坎普拉德將公司上市，以募集更多的資金，但他認為運用這種「借錢」的方式，在經營上勢必要受到股東們的影響，再加上公司並不缺錢，所以他一點都不想「上市給自己找麻煩」。這種經營企業的思維，在現代商業社會雖十分罕見，不過他的這個堅持，從成立至今沒有改變過，企業也仍相當不可思議的以驚人的速度成長。

在創業之初，他對於公司的發展就有很長遠的規劃，這個規劃允滿了理想——不受股東影響，家族能牢牢掌控經營權，也不受政局、市場力量、後世無能的管理者等各種不利因素的影響，成為永遠保持活力、屹立不搖的機構。

為了達到這樣的目標，他精心設計企業的組織架構，從雛型的建立到趨近完善，經過十餘年的醞釀和不斷的補充，其企業組織總給人一種繁複而神秘的色彩，外人很難窺出端倪來。

以法律層面為例，他聘請諸多的律師、會計師以及稅務專家，這些專業人員都是來自於世界各國的精英，他們的責任是負責調查世界各國的稅收和貿易政策，並且在最適當的時機地點搶先在該地註冊成立公司，隨後即設立分店。他在法律上的這些苦心，一方面保證了IKEA永遠屬於家族的控制，而不從屬或受制於某一國家或政府，因此就算是政變或是戰亂時，企業體也不會受到影響，這一點是瑞典精神的高度展現。另一方面企業體也能收到最大的利益（如能享有低稅收）。

IKEA擁有獨特的組織架構以及他人難以仿效的精密的商業運作模式，是其

立於不敗之地的重要原因之一。

2.成功的營銷策略

坎普拉德所帶領的IKEA之所以能夠成為世界上最大的家居用品零售商，自有其成功的營銷策略，尤其是致力於「特色、低價、優質」三個核心訴求。

成立之初，坎普拉德就把「提供種類繁多、美觀實用、普遍民眾買得起的家居用品」作為經營的方向，這個策略在一開始就打動了廣大的消費群。不過，當IKEA進入世界各國，面對各國消費族群極不一致的消費水平，想要維持原有的理想，並非容易的事。

於是，IKEA投入了更多的心力，在設計家具時更積極的往低成本的方向努力，例如設計師在設計任何新商品之前，就被告知該商品將以多少價錢售出（能夠擊倒所有競爭者的價格），設計師會用更低的成本來完成設計，以確保商品的競爭力。

為了有效率的降低成本，其設計師們都很重視材料的組成是否能更為經濟，像如何減少使用一個螺絲釘，也常是設計時的重點，且這種如何減少某一零件的思考方式，往往會激發出很好的創意。

還有，在設計家具時以「模塊」作為單位，這種設計便於組裝，也可以在不同的家具之間運用，還可以根據成本在不同的地區生產，有利於降低生產成本。

除了價格低廉的訴求，其家居商品走既簡約又獨特、優質的風格，讓消費者既能以較低的價格購進家居用品，又能在擁有個性商品、有品味的生活等方面得到滿足。

此外，「商品目錄文化」也是其成功營銷模式中相當重要的一環。這種目錄文化起源於坎普拉德早期的銷售經驗，早年他騎著腳踏車在大街小巷賣商品，當生意越做越大，無法再挨家挨戶推銷之後，便將商品的種類和簡要的介紹記到筆記本上，做成郵購目錄的樣子，讓消費者能按照目錄上的介紹選購商品，結果，有非常高的成交率。

他將這個成功經驗注入到IKEA家居商品的銷售上。他們每年都會製作一批精美的目錄，除了提供消費者商品種類、價格的依據之外，也印有IKEA展示眾多商品的面貌，包括以各種空間（客廳、浴室、書房等等）為單位的大型展示。

這種目錄還具備傳遞企業精神的重要任務，坎普拉德認為到IKEA的顧客，就算不買商品也不要緊，因為透過精心製作的商品目錄，也會吸收到IKEA在家居文化上的思維習慣，久而久之，會有越來越多的消費者感受到IKEA在家居生活理念上的魅力。

確實，其商品目錄自發行以來，一直深受消費者的喜愛，因為消費者往往能從這個目錄裡獲得自己家居設計的靈感。目前，其發行的目錄冊（約錄有一萬兩千件的商品）每年的印量已達一億本。

三、家庭與人生觀

坎普拉德有過兩段婚姻，因為對於工作過於狂熱，他的第一段婚姻於一九六〇年宣告失敗。

在第一段婚姻失敗後，他很孤獨的一個人生活著，雖然在日常的大多數生活中，他看起來與以往並沒有什麼不同之處，然而內心卻十分的痛苦，常常一個人藉酒消愁，甚至因此染上了酒癮，他實在非常渴望重新擁有家庭的溫暖。他試著和其他女性交往，不過總是遇不見理想的對象，有的人是為了他的錢而和他在一起，有的人則是因為個性差異過大或生活習慣、價值觀迥異等因素，交往沒多久後就分手了。一次又一次的情感挫折，漸漸讓他以為自己再也無法找到一位終生伴侶，無法再進入婚姻生活之中。

幸好，或許是老天爺聽到了坎普拉德心中誠摯的盼望，讓他在義大利邂逅了一位年輕的女教師——瑪格麗紗，雖然，兩人初次見面時，坎普拉德正喝得爛醉如泥。

後來，兩人有機會又見了幾次面，在幾次談話之中，他興奮的發現這位女性無論是在性情脾氣還是價值觀上，都與他的心靈相契合的。他隨即展開熱烈的追求，瑪格麗紗也感受到他的熱誠，深受其吸引，一九六三年兩人結為連理。

坎普拉德和瑪格麗紗的第一個愛的結晶彼得・坎普拉德，是在難產的情況下來到這個世間，整個生產過程的不樂觀，讓坎普拉德這位在商場上呼風喚雨的大人物的理性蕩然無存，只能發瘋似的焦急，在產房外面來回踱步，以及不斷的祈禱。

時間一分一秒的經過，好不容易，他盼到醫生從產房裡走出來，當母子均安的消息傳到坎普拉德的耳邊時，他流下了激動而感恩的眼淚。

後來等心情平復一些之後，他撥了一通又一通的報喜電話，其中他打了一通電話給自己最要好的一位朋友，兩人還相約像俄國人一樣，一起喝酒慶祝，在乾杯之後，把酒杯一一摔到牆上，比賽看誰摔出的聲音更響亮一些。從這些舉動看來，他初為人父的喜悅，實是不言可喻。

他和瑪格麗紗共育有三個兒子。一家人的生活，和絕大多數的家庭一樣，無法事事盡如人意，但彼此包容、相互扶持的溫暖，是千金難買的珍貴。不過，坎普拉得差一點兒又重蹈覆轍，他在美滿的家庭生活中，漸漸的又把所有的時間精力都投入到事業中，直到在一次夜歸的夜晚裡，他年幼的孩子們等著他回家，並對他說：「爸爸，讓你做這麼多事情，我們覺得很難過，我們商量好了，等我們長大了，一定會好好幫助你。」坎普拉德聽了這一番話，才忽然醒過來似的，驚覺自己又因為工作忽略了家人，他開始安排固定的時間陪伴他那一位無怨無悔的妻子，以及三名個性、興趣不同，但一樣熱情、好動又可愛的小男孩。

過去，他總是讓妻子一肩擔負起教育孩子的責任，雖然不是故意的，但在家庭生活上，他似乎就像是一個坐享其成的丈夫與父親，坎普拉德意識到自己身為丈夫及父親的責任後，也開始用心教育這些孩子。這些孩子在兩夫婦協力的照顧與栽培之下，擁有節儉的好習慣、精通好幾種語言，持有嚴肅認真、謹慎低調的態度。一九七六年，他們一家人移居瑞士，住在日內瓦湖附近。

坎普拉德為了讓三名兒子能好好繼承他的事業，三個兒子都自小就接受了比IKEA員工更嚴格的培訓，從基層的家具拆卸，到高層的管理哲學，他們都付出了更多的心力來學習。從一九八六年起，他就放手讓長子主管IKEA，自己只在公司有重大決策時提出意見，此外，三名兒子各自擁有公司一部分的資產，他希望以這樣的安排，確保任何一名子女都無法動搖IKEA的基礎。

他以節儉出名，甚至被視為不折不扣的小氣鬼，不在意外表的裝扮，在他身上絕對不可能見到時髦的服飾，或是昂貴的手錶，也沒有所謂的豪華轎車，而是一部超過十五年車齡的舊車，出國旅行也總是坐經濟艙。

他曾說過自己若到外地入住飯店，如果因為太口渴，忍不住喝了飯店冰箱中的一罐可樂，他會在休息後立刻前往便利商店購買一罐可樂，放回飯店的冰箱中，不讓飯店記下消費可樂的費用，因為便利商店的可樂比飯店的可樂便宜一些。

他也承認：「我的確很摳門，但是不對嗎？錢夠我花就行了，而且，我還要自問：『IKEA的顧客能否付得起這些花費？』」所以，如果公司為他預訂了昂貴的東西，他會非常惱火。

在坎普拉德的價值觀裡——簡約是一種美德，浪費就是犯罪；簡單是一種美德，簡單會增加優勢。因此其企業不管是在風格上或是實際的運作上，都以簡約和務實作為核心價值，而IKEA能夠有效獲取利潤，也正建立於這種低價高品質、成本節約的落實之上。

「為普通大眾創造美好生活的每一天！」是坎普拉德孜孜追求的理想，這種造福大眾的理想也貫徹在IKEA的各個層面，成為IKEA的企業宗旨。

四、其他

1.英瓦爾・坎普拉德也曾吃過大虧：一位奧地利的商人拿了一款很好用的圓珠筆給坎普拉德，要以每支二點五克朗賣給他，當時市面上類似的圓珠筆售價是十到十五克朗，因此他認為這個價格非常吸引人，於是以一支二點九五的價格對外徵求訂單。他等累積到五百支左右的訂單後，便帶著錢去向供貨商取貨。但供貨商卻說自己不可能開出那樣的價錢，應當是每支四克朗的價錢才對，這個價錢還比他向外徵訂的價格還高。但不管如何，他不願意賠上自己的商譽，斷送自己將來的路，所以也只能自己倒貼，設法將貨物購齊了，交給那些向他訂貨的顧客。這次的教訓對坎普拉德的影響很深，他總是告誡員工，做生意不能只是訂口頭協議，或是憑著一次感性的握手就以為可以高枕無憂，一定要通過書面形式記錄重要的訊息，日後若有紛爭才有憑有據，而能有合理的解決方法。

2.英瓦爾・坎普拉德為了讓員工更了解所謂的「IKEA精神」，總是以身作則，

除了自身過著簡約的生活，工作上許多事情也親力親為，例如參與產品說明的撰寫，因為他認為這是直接面對顧客的平台，不可怠慢。

3. 英瓦爾．坎普拉德認為IKEA最重要的信條是「公司就是家，家就是公司」。

4. 全球的IKEA賣場都設有瑞典風情的餐廳，這種賣場設計也來自於坎普拉德的發想，因為他認為「餓著肚子的人沒有心情逛賣場」，因此IKEA的賣場都會設立餐廳，讓客人有休息的地方，購物環境也更加人性化。

5. 在IKEA的賣場，顧客可以自由的試用家具用品，例如坐上沙發、躺在床上、拉開櫃子、抽屜等等，這種在今日廣泛流行、被稱作「體驗行銷」的銷售行為，英瓦爾．坎普拉德的IKEA很早就開始推行了。

❶ "IKEA" 正是由創始人名字的首寫字母和他所在農場以及村莊名稱的第一個字母組合而成的。

6 亞洲的財富超人——李嘉誠

一、第一桶金
（一）全心全意的投入
李嘉誠出生於中國廣東省的潮州
年為了逃避戰火，跟著家人到香港謀
生。他的父親李雲經先生是一位飽學之士，教導他不少寶貴的人生哲學，「未學
經商，先學做人」是李嘉誠最常說的一句話，這樣的觀念正來自於他父親的啟
蒙。
後來李雲經病逝時，李嘉誠還不足十五歲，他不得已得中斷了學校的課業，
一肩挑起養家的重擔。
最初，他到塑膠貿易公司去做推銷員的工作，當時因為剛出社會
的技巧很生澀，也常因為太過緊張無法順暢的介紹出產品，
他自知要突破這個窘境，首先要克服自己容易緊張
備，才能從容的面對客戶。於是，他開始鍛
見客戶前，
理客戶

李嘉誠
生日 1928年7月29日
出生地 中國
事業基地 香港
人稱 李超人
現任 長江實業集團及和記黃埔董事局主席

事業

在亞洲，甚至在全球，很少企業家能夠像李嘉誠這麼成功——他從艱困的童年中奮起，通過各種嚴酷的考驗，不斷的追求超越，至今網羅二十五萬名員工，建立了一個業務多元化、遍布全球五十四個國家的龐大商業王國：其控股的赫斯基能源每日生產三十幾萬桶石油；海上運輸頻繁的貨櫃裡有百分之十三是在他經營的港口內裝卸貨物；全球超過一千三百五十萬人使用他所經營的3G行動電話網路；旗下擁有的七千五百家零售店，已成為中國、法國、英國、俄羅斯等各國消費者生活中的一部分；所涉足公共工程建設及地產業的經營，每年豐厚的營收，同業難望其項背……

重要榮譽

☆獲英國《泰晤士報》及英國安永會計師事務所評選為「千禧企業家」。

☆屢被國際性雜誌評選為全亞洲最具影響力的人物。

財富金榜

☆據二〇〇八年《富比士》雜誌的統計，李嘉誠個人的資產淨值為二百六十五億美元，居世界第十一位，同時是世界上最富有的華人。富比士公司總裁史蒂夫·富比士盛讚李嘉誠不僅是「我們時代最偉大的企業家」，而且「在任何時代，都是最偉大的企業家」。

名言

·做生意一定要有大勝局的觀念，不能只做小打小鬧的事，否則你做的永遠都是地攤生意。

·做生意在有把握的前提下，最忌慢步而行，你應當克服這一點，大步朝著自己的目標走下去，這樣才能走得長久。

·保留一點值得自己驕傲的地方，人生才會活得更加有意義。

·我生平最高興的，就是我答應幫助人家去做的事，自己不僅是完成了，而且比他們要求的做得更好，當完成這些信諾時，那種興奮的感覺是難以形容的。

·精明的商家可以將商業意識滲透到生活中的每一件事情之中，甚至是一舉手一投足。充滿商業細胞的商人，賺錢可以是無處不在、無時不在。

·如果一筆生意只有自己賺錢，而對方一點也不賺錢，這樣的生意絕對不能做。

·一個人憑自己的經驗得出結論當然很好，但是時間就浪費得多了，如果能夠將書本知識和實際工作結合起來，那才是最好的。

·身處在瞬息萬變的社會中，應該追求創新，加強能力，居安思危，無論你發展得多好，時刻都要做好準備。

·如果想要取得別人的信任，你就必須做出承諾，一經承諾之後，便要負責到底，即使中途有困難，也要堅守諾言。

·年輕時我表面謙虛，其實內心很驕傲。為什麼驕傲呢？因為同事們去玩的時候，我去求學問；他們每天保持原狀，而我自己的學問日漸提高。

·二十歲以前，事業上的成功百分之一百靠雙手勤勞換來；二十歲到三十歲之間，事業已打下一定基礎，這十年的成就，百分之十靠運氣，百分之九十仍是靠勤奮努力得來；之後，機率的比例漸漸提高了。

·以我個人的經驗，有了興趣，就會全心全意的投入，保持這樣的心態，做每一件事情，是沒有困難可言的。做哪一行就要培養出那一行的興趣，否則要成功、要出人頭地不容易。

·我凡事必有充分的準備然後才去做。一向以來，做生意處理事情都是如此。例如天文台說天氣很好，但我會常常問自己，如果五分鐘後宣布有颱風，我會怎樣。在香港做生意，也要保持這種心理準備。

·人要去求生意比較難，生意跑來找你，你就容易做。那如何才能讓生意來找你？這就要靠朋友。如何結交朋友？那就要善待他人，充分考慮到對方的利益。

·創業的過程，實際上就是有恆心和毅力堅持不懈的發展過程，其中並沒有什麼秘密，但要真正做到中國古老的格言所說的勤和儉也不太容易。而且，從創業之初開始，還要不斷的學習，把握時機。

·一個企業的創立，意味著一個良好的信譽的開始。有了信譽，自然就會有財路，這是必須具備的商業道德。就像做人一樣，忠誠、有義氣。對於自己說的每一句話、做出的每一個承諾，一定要牢牢記在心裡，並且一定要能夠做到。

．資訊革命產生了巨大的影響，特別是對商業有巨大的影響。現在按一下滑鼠就可以獲得新訊息。傳統公司的結構正在大大的變化中，公司的營運速度必須快，必須有創意。

他人之眼

．究竟應該向李嘉誠學什麼？對於這個問題，上海復星高科技集團董事長郭廣昌認為李嘉誠一直在轉變和提升他的商業模式，所以不能去學他做什麼業務，做怎樣的資產組合，因為這些東西跟他的背景、目標、個人喜好、公司的基礎及外在環境密切相關，應該去思考的是：他的邏輯是怎樣形成的？他為什麼在這個時候做這個決定？他是怎樣來做這個決定的？他的感受是什麼？他在那個時間的思考點是什麼？而郭廣昌總結他從李嘉誠身上所學得的心得：一、在不斷鞏固已有業務的技術、管理能力的同時，不拒絕尋找新的機會。二、在開展新業務時不做願望式的假設，提前評估好自己是否輸得起。三、所能支撐前兩點的是心態。只有一種高明的內心平衡機制，才能讓他既保持良好的進攻性，堅持尋找挑戰，又擁有足夠的自控，不變成一個賭徒。

一、第一桶金

（一）全心全意的投入

李嘉誠出生於中國廣東省的潮州，早年為了逃避戰火，跟著家人到香港謀生。他的父親李雲經先生是一位飽學之士，教導他不少寶貴的人生哲學，「未學經商，先學做人」是李嘉誠最常說的一句話，這樣的觀念正來自於他父親的啟蒙。

後來李雲經病逝時，李嘉誠還不足十五歲，他不得已得中斷了學校的課業，一肩挑起養家的重擔。

最初，他到塑膠貿易公司去做推銷員的工作，當時因為剛出社會，應對客戶的技巧很生澀，也常因為太過緊張無法順暢的介紹出產品，東西老是賣不出去。

他自知要突破這個窘境，首先要克服自己容易緊張的毛病，而唯有充分的準備，才能從容的面對客戶。於是，他開始鍛鍊自己在事前做足準備的功夫，例如見客戶前，一定先熟念所有的產品相關資料、模擬客戶可能會問的問題，以及整理客戶會重視的細節等等。

因為他事先把要說的話都整理好，再加上反覆的練習，所以介紹產品時總是特別流利順暢，又能迅速清晰的為客戶解決疑惑，專業的形象贏得了客戶的肯定與信賴，購買率大增。

另一方面，他的觀察與分析技巧越來越好，往往能快速找出客人的類型，再針對客戶的性格和心理，運用最有效的推銷策略。

他的業績從黑翻紅，蒸蒸日上，不過他一點也不自滿，每天工作的時數超過十六個鐘頭，除了勤於四處開拓新客源，夜間還到工廠盯進度。

憑著勤奮過人的精神和全心全意的投入，他的營業額成了全公司之冠，所獲得的年終分紅還是第二位的七倍，不到二十歲，便升任總經理。

後來，他有了自行創業的打算，並選擇投入塑膠花的市場。當時正值香港工業起步，有大批廉價勞工，但由於他的資金不是那麼充裕，不論推銷還是設計，樣樣都必須親力親為，因而總是睡眠不足，有時甚至必須用到兩個鬧鐘才起得來。

不過，他之所以成功，除了勤奮的因素，更重要的是因為他在賺錢的同時，也用心思考慮客戶的需求，以幫助客戶謀求更大的利潤，例如有一回，一位急需大量塑膠花的訂貨商來到他的公司，請他先設計幾款塑膠花的樣式，隔天再討論。

第二天，李嘉誠帶著腫脹的雙眼赴約，當場拿出八款塑膠花的樣式，並告訴訂貨商：「先生，這八款塑膠花是我和公司設計人員昨晚一夜沒睡，按你的願望設計出來的，有五款應該是很符合你的要求的；而另外三款，是因為我考慮到你的訂貨是為耶誕節準備的，因此，在你要求的基礎上，再揉進一些東方民族的傳統風味，我認為或許你會喜歡，所以全部拿來，供你挑選。」

這位訂貨商十分驚訝，很欽佩他竟然能在一夜之間設計出八種款式的塑膠花，加上李嘉誠開出對訂方很優惠的合作條件，訂貨商相當滿意，很高興的答應了這筆交易。

這次的成功使李嘉誠的公司在香港塑膠市場的競爭能力大增，也使他更加相信，凡事只要能下定決心、展現誠意，以及付出努力，就能通往成功之路。他日後也總是說自己創業初期，是百分之百不靠運氣，全靠工作、靠辛苦、靠工作能力而賺錢，並再三強調投入工作的重要性：「投入工作十分重要，你要對你的事業有興趣；今日你對你的事業有興趣，工作上一定做得好。」是啊！唯有對自己的事業有興趣，才能領略成功的要訣，工作才能做得好，也才有出類拔萃的機會。

（二）注重求知與思考

雖然李嘉誠很早就中斷學校的課業，但是他自小重視知識、熱愛讀書的態度，並沒有因而改變，多數人在忙碌了整天的工作之後，都是想著回家儘早休息，不過他卻是想盡辦法利用晚上的時間自學。

由於經濟困難，支應日常所需已很不容易，讀書當然是一種奢侈，但他相信只要有決心就有方法解決，於是經常買舊書來讀，讀完了便賣，再用賣舊書的錢來買新的舊書，這樣一來就不愁沒有買書錢了。

這種閱讀習慣常為李嘉誠的事業帶來新的契機，例如：在創業沒多久、工廠的規模很小的時期，資金的問題很令他傷腦筋，一天，他從英文雜誌上看到國外有一部很好的機器，可製造出較優質塑膠，很適合香港市場，但要向外國訂購這樣的機器實在太過於昂貴，便著手研究機器的製造，這次研發的成果帶來豐厚的利潤。

然而好景不常，由於操之過急，現有的資金負荷不了擴張的速度，塑膠廠開始週轉不靈，產品品管不夠穩定的問題也逐一浮現，各種困境接踵而來，銀行職員、原料商、客戶、工人等各方面人員也相繼施予壓力，他天天周旋在這些人之間而苦無對策，身心受到巨大的煎熬，飽嘗了失敗的痛苦。

在如此苦不堪言的處境下，他讀到最新英文版《塑膠》雜誌上關於義大利一家公司製造的塑膠花即將傾銷歐美市場的消息。這消息雖然刊在很不引人注目的地方，但卻為他帶來一些靈感。他想到的是人們在物質上的生活達到一定水準之後，必然會轉而注重精神生活，因此像塑膠花這種東西，既能夠美化空間，提升人們生活的品質，又不像真實花卉一樣需要細心照料，這對生活節奏快速的現代社會人來說，是很貼近人們需求的商品，想到這裡，他大膽預測：一個塑膠花的黃金時代即將來臨。

在他以積極的行動力、用盡心思往這個方向投注努力之後，果真成功帶動了香港塑膠業發展的潮流，還成了「塑膠花大王」，度過了企業的危機，並走上個人事業的第一個高峰。

這類成功的經驗，讓他日後更加確信並奉行「知識改變命運」的觀點，永遠不滿足於實務經驗的累積，而採取更積極的方式攝取新知，以蓄養企業成長的能量，從而走在世界的前端、主導趨勢。至於思考的廣度，他是這麼說的：「我每天百分之九十以上的時間不是用來想今天的事情，而是想明年、五年、十年後的事情。」

他認為「後見之明」在商業社會中只有很狹隘的貢獻，人類最獨特的是不僅擁有洞悉思考事物本質的理智，而是擁有遵守承諾、矯正更新的能力、堅守價值觀及追求目標的意志。且要相信會有更大的舞台等著自己站上去，唯有不斷的準備，才能隨時掌握每一個契機。

至於如何思考未來呢？他覺得應當多多思考每件事的「如果」，這種多面向多層次的思考方式將帶來極大的價值。其實，從李嘉誠在求知與思考方面的重視與努力看來，便不難理解，為何他總是能做出最精準的決策，帶領他的企業一次又一次交出傲人的成績。

二、企業的成長之路

（一）更上一層樓

1. 人棄我取，逆境取勝

李嘉誠有極其敏銳、獨到的眼光，他能夠在一項業務的極盛時期，洞悉危機所在，然後迅速作出新的部署和嘗試；也能夠在某個產業衰退，人人忙著抽身之際，預測到無限的商機，而採取大量投資的攻勢。他說：「選擇別人放棄的東西，自己重新開始『謀略』，不失為做生意的一種巧術。」

例如：當年，塑膠花這個行業大發利市，大有帶動香港工業起飛之勢時，他預測到塑膠花的市場有限，頂多再有幾年的黃金時間，而毅然決然改投資地產。

一九六七年的香港，地產、股票市場大跌，許多有錢人紛紛移民，賤價變賣家產物業，但他卻反其道而行，趁機購入大量的地皮、舊樓和廠房。結果到了七〇年，香港人口由戰後的六十多萬激增至四百多萬，房屋需求隨著劇增，他旗下的集團因而賺了大錢，很快就成為香港的一大地產發展和投資公司，一九七二年成為上市公司時，其股票被超額認購六十五倍，顯示出其實力已備受社會大眾的肯定。

八〇年代，香港的前途問題，讓香港人的信心又遭遇重大挫折，移民風潮再起，股價、樓價大跌，他再次逆著潮流而行，大舉投資香港，沒多久後，因為具有長遠的發展藍圖取得匯豐銀行的信任，以優惠價成功收購和黃，為他日後港口的業務建立深厚的基礎。從上述這些歷程看來，別人放棄的東西，經過他的重新謀略，不但能起死回生，還每每締造出亮眼的成績，讓人難望其項背。

即使如此，在香港房地產最高峰時，李嘉誠又領先同業，看到個中危機，一九九七年，他開始不斷出售旗下的物業，並積極開展新的事業版圖，把資金分散投資於電訊、基礎建設、服務、零售等多個領域，這是他後來能成功避過金融風暴的重要關鍵。

總結李嘉誠的經驗時，不難發現在成功之後，持續保持高度的危機感是多麼重要的事，至於「逆境取勝」的功力從何而來呢？這是因為他喜歡大量閱讀書籍及各種報導，並從中設想自己公司可能會遭遇的逆境，找到公司潛在的弱點，然後與公司內部的智庫開會討論，尋找改變的方法，等落實之後，逆境來的時候也就成了一種機會。

2.長線投資

在經濟衰退時，有很多人請教李嘉誠經營的秘訣。對於這個問題，他指出長線投資的重要性，景氣好時不太過樂觀，景氣壞時不太過悲觀，也就是要把眼光放遠，衡量資產是否具有獲利的潛力，若是具有潛力，反而要把握住衰退期間，大量投資。

以房地產為例：他不會因為當下景氣好，立刻買下很多地皮，從一購一賣之間牟取利潤，而是先全面了解產業，例如供需的情況，市民的收入和支出，以至世界經濟前景，因為香港經濟會受到世界各地的影響，也受政治氣候的影響，所以在決定一件大事之前，總會很審慎，跟所有相關的人士商量，一旦方針確定之後，便不再變更。

仔細觀察他所領導的集團，便會發現他們的確只做長線投資，每次的商業布局，絕對是放眼未來，如果出售一部分業務可以改善他們的戰略地位，便會毫不遲疑的出售，但萬一無法評估投資金額的上限，那麼不管某個產業的前景再怎麼看好，也會暫緩腳步，例如雖然非常看好3G的發展，但絕不會為了獲得每一個3G營業執照而無限制的競標，像在德國的執照成本過於高昂，超過了預算，只好退出。

知道何時應該退出，這點非常重要，在管理任何一項業務時都必須牢記這一點，穩中求進是他一貫的主張，事先制定出預算，然後在適當的時候以合適的價格投資，才能獲得最大的利潤。

（二）經營與管理

1.自我管理

李嘉誠究竟是如何領導旗下那樣眾多的員工，以及如何有效管理名下龐大的事業群，是很多人極感興趣、想深入了解的部分。關於扮演領導者角色這一點，他認為首要的是先做好自我管理。

「自我管理」是一種「靜態管理」，是培養理性力量的基本功，是人把知識和經驗轉變為能力的催化劑，他建議在人生在不同的階段中，要經常反思自問：我有什麼心願？我有宏偉的夢想，但我懂不懂得什麼是節制的熱情？我有拚戰命運的決心，但我有沒有面對恐懼的勇氣？我有資訊、有機會，但我有沒有實用智慧的心思？我自信能力、天賦過人，但有沒有面對順流逆流時懂得恰如其分處理的心力？這些問題的答案可能因時、因事、因處境，審時度勢而有所不同，但思索是上天恩賜人類捍衛命運的盾牌，懂得思索與反省，才能讓自我了解，進而改變自己，而達到自我成長。

2.知人善任

至於企業管理，他說：「成就事業最關鍵的是要有人能夠幫助你，樂意跟你工作，這是我的哲學。我是雜牌軍總司令，難道我拿機槍會好得過那個機槍手嗎？難道我可以強過那個炮手嗎？總司令懂得指揮就可了。」

又說：「知人善任，大多數人都會有部分長處，部分短處，好像大象食量以斗計，蟻一小勺便足夠。各盡所能，各取所需，以量材而用為原則。又像一部機器，假如主要的機件需要用五百匹馬力去發動，而其中的一個部件則只需半匹馬力去發動，雖然半匹馬力與五百匹馬力相比小很多，但也能發揮其作用」，因此「領袖管理團隊要知道什麼是正確的『槓桿』心態。『槓桿定律』始祖阿基米德（Archimedes）是古希臘學者，他曾說：『給我一個支點，我可以舉起整個地球。』尋找支點是以效率和節省資源為出發點，與海克力士（Hercules）單憑個人力氣相比，阿基米德是有效率得多。聰明的管理者要專注研究，精算出的是支點的位置，支點的正確無誤才是結果的核心。」

從以上他的談話中，可知這樣一位雜牌總司令，其實是大有學問的，像在他的經營團隊裡有：具非凡分析本領的金融財務專家、經營房地產的高手、深思熟慮的謀士、精明有衝勁的優秀青年……，除了任用香港人，也重用西方人，他之所以能讓這麼多高手樂於在他的企業裡效力，與他回避了東方式家族化管理模式是分不開的。

不過除了引入西方先進的企業管理經驗，也保留東方重視人情味的元素，他的看法是：要令員工有歸屬感，才能讓他們安心工作，應給員工好的待遇，並給員工好的前途，讓他有一個責任感，感受到公司的成績跟他是百分之百相關的，才能留得住人才。另外由於他自己有打工、受薪的經驗，很能了解員工們的希望，所以和員工的關係非常良好，如公司中的高級行政人員流失率低於百分之一，這在現代高度競爭的社會裡便是非常難得的現象。

至於人才的挑選，他認為自然是要延攬「比自己更聰明的人才」，但絕對不能挑選名氣大但妄自標榜的企業明星。因為在分秒必爭的現代企業，組織內部固然不可能接受那些濫竽充數、唯唯諾諾或灰心喪志的員工，但也不容許有過分自我中心的「企業大將」。另外，親人並不一定就是親信。如果企業用人唯親的話，就一定會受到挫敗。

判斷一個人是否能成為親信，最好是挑選一個共同工作過的人，工作過一段時間後，看看他的人生方向，以及對你的感情，若都是正向的，交辦給他的每一項重要工作，他都能圓滿達成任務，那麼這個人才可以做為親信。還有，挑選員工，忠誠是基本條件，但光有忠誠而能力低的人或道德水準低下的人也是不可取的。

仔細研究李嘉誠的經營方式及成果，會發現他說「好的處世哲學和懂得用人之道是他成功的前提」，絕非虛言！

三、家庭與人生觀

李嘉誠和他已故的妻子莊月明（於一九九〇年因心臟病發作過世）是青梅竹馬的玩伴，雖然兩人從小就感情很好，兩情相悅，但因為家境懸殊：女方家境富裕，受過良好的教育；男方早年家境貧苦，又只有中學文憑。所以兩人之間的感情遲遲得不到家人們的認可，但兩人不管相隔多遠，用時間證明了他們具摯與堅定的感情，直到一九六三年，李嘉誠三十五歲、莊月明三十一歲，這對有情人在大家的祝福聲中終成眷屬。

兩人婚後相互扶持，莊月明加入長江實業的經營，勤奮、認真的幫著丈夫打理事務，一九七二年長江實業成為上市公司，她也有相當大的功勞。不過，她是一位很傳統的女士，平時絕少公開露面，即使出席公開活動時，也總是保持著低調而謙和的態度，一點也看不出身為高階領導者的傲氣。

李嘉誠和莊月明育有兩個兒子——李澤鉅、李澤楷。李嘉誠很重視對孩子的教育，在兩個小孩才八、九歲時，就讓他們列席公司的會議，有一回大人們為了公事爭執得很兇，一個個面紅耳赤，嗓門也越來越大，兩人被嚇哭了，李嘉誠笑著安撫他們：「孩子別怕，我們爭吵是為了工作，正常現象，木不鑽不透，理不辯不明嘛！」

又有一次，董事會討論公司應拿多少股份的問題，李嘉誠說：「我們公司拿百分之十的股份是公正的，拿百分之十一也可以，但是我主張只拿百分之九的股份。」當時參與的董事們，有的贊成，有的則持反對意見，正在爭執不休的時候，李澤鉅舉手說：「爸爸，我反對您的意見，我認為應拿百分之十一的股份，能多賺錢啊！」李澤楷也急忙附和說：「只有傻瓜才拿百分之九的股份啊！」大人們聽了這一對小兄弟說的話，都忍不住笑了。李嘉誠則趁機給他們上了一課：「孩子，這經商之道學問深著呢，不是一加一那麼簡單，你想拿百分之十一發大財反而發不了，你只拿百分之九，財源才能滾滾而來。」

李嘉誠為了讓孩子們能夠獨立自主，將他們送到美國留學。李澤鉅、李澤楷並沒有因為身為億萬富翁之子而過著舒適的生活，反而跟平常一般人家的子弟沒什麼不同，想要多點零用錢，就得靠自己打工賺錢。李澤楷還曾用打工的錢幫助生活困難的同學，這種事情後來被李嘉誠夫婦知道了，都感到非常欣慰。李嘉誠還對妻子說：「孩子這樣發展下去，將來準有出息。」

李澤鉅和李澤楷兩兄弟在美國史丹佛大學畢業後，想到父親的公司幫忙，李嘉誠卻對他們說：「我的公司不需要你們！」一開始，兩兄弟都覺得父親在開玩笑，不相信父親旗下有那麼多的公司，都沒有適合他們的工作，李嘉誠才告訴他們：「別說我只有兩個兒子，就是有二十個兒子也能安排工作。但是我想還是你們自己去打江山，讓實踐證明你們是否合格到我的公司來任職。」

知道父親的用心良苦，兩兄弟都欣然接受了父親的建議。於是，兩兄弟一起到加拿大發展。李澤鉅開設的是地產開發公司，李澤楷則成了多倫多投資銀行最年輕的合夥人。兩人在外面闖天下的過程中所遇到大大小小的困難，都是靠自己解決，就算李嘉誠問他們有什麼困難，要幫忙解決，他們也會說：「困難是有的，我們自己可以解決。」因為他們很清楚，父親就是為了鍛鍊他們，才讓他們到異鄉奮鬥，所以不可能出手幫助他們的。

兩年後，兩兄弟都各交出了一份非常亮眼的成績單，李嘉誠這時才很高興的要兩兄弟回香港，到自家的公司任職，並叮囑他們：「注重自己的名聲，努力工作，與人為善，遵守諾言，這會有助於你們的事業。」

對於李嘉誠的教導，兩兄弟確實都受益良多，並成為人人稱讚的好商人。李澤鉅就曾說：「感謝父親從小對我們的培養教育，他是最好的商業教師，尤其在教授『不賺錢』這點上。我從父親身上學到了最主要的是怎樣做一個正直的商人。」

除了兩個成材的兒子，李嘉誠曾公開他的第三個兒子——李嘉誠基金會。龐大的財富，人人嚮往，但他卻主張內心的富貴才是真正的富貴，他說：「今天商業社會的進步不僅要靠個人勇氣、勤奮和堅持，更重要的是建立社群所需要的誠實、慷慨，從而創造出一個更公平、更公正的社會。」因此，「亞洲最偉大的慈善家」比「亞洲最富有」的人，更能代表他對自我的期許。

長期以來，李嘉誠熱心公益事業，先後捐出數十億，辦學校、建醫院、支援殘疾人事業等。二〇〇六年九月，他在一場演講中提到：「我的第三個兒子，他早已擁有我不少的資產，我全心全意的愛護他。我相信基金會的同仁及我的家人，一定會把我的理念，通過知識教育改變命運或是以正確及高效率的方法，幫助正在深淵痛苦無助的人，把這心願延續下去。」

他也曾公開表示二〇〇八年起，可以減少部分管理集團的工作量，但並不是要休息，而是能有更多時間來考慮基金會運作的情況。每個月他都抽出三日全天的時間，每天花不少於八小時跟基金會同事與不同的慈善團體見面，討論他們提出的捐款項目建議。

李嘉誠的富有，除了讓人羡慕，也讓人感動！

四、其他

1.李嘉誠從年輕的時候，就喜歡翻閱上市公司的年度報告書，他覺得這些報告書表面上很沉悶，但從中可看出各個會計處理方法的優點和漏弊、方向的選擇和公司資源的分布，可帶來很大的啟示。

2.李嘉誠在財務方面，強烈主張穩妥的策略，他從不向銀行借貸，其哲學是「做生意似划船」，除了要先想「有沒有足夠氣力從A處划到B處？」還要衡量自己「有氣力划回來嗎？」所以，李嘉誠總是能確保資金的充足。

3.對李嘉誠而言，管理人員對會計知識的把持和尊重、對現金流以及公司預算的控制，是最基本的元素。此外還有兩點不可忘記：第一，管理人員特別要花心思在脆弱環節；第二，在任何組織內優柔寡斷者和盲目衝動者均是一種傳染病毒，前者的延誤時機和後者的盲目衝動均可使企業在一夕間造成毀滅性的災難。

4.任何企業面對大環境的變化時，不免都要進行戰略上的調整，且企業內部需進行多方面的變革才能適應這種調整，及達到戰略上的目標，至於哪些方面的調整最為重要？哪些環節最容易出錯？哪些環節重要而又最容易被忽略？李嘉誠認為在調整前，最要緊的是先獲取最確實的資料，才能擬定出正確的方針，同時要時時確保有流動的資金，很多公司就是因為沒有流動的資金而挫敗。還有，改革的過程，公司同事的士氣也非常重要。

5.李嘉誠是一個善於開會的人，開會通常只要四十五分鐘，他要他的員工開會前一定要先做好功課，提出困難的人就要先想出解決的方法，並說明何種解決辦法是最好的，這正是決策明快的要訣。

6.李嘉誠認為人我之間一定會有與其他人的意見相左之時，面對這種情況一定要虛心，聽聽專家的意見。雖然他自己的知識面很廣，但在聽取別人的意見時，假如感到其中有一個項目是不好的，還是非常虛心地聽，因為有的時候，可能百分之九十是自己認為不好的，但他人講的百分之十是自己不知道的，那麼這個百分之十可能就是成敗的關鍵。當然，作為一家公司的最後決策者，一定要對行業有相當深的了解，不然的話，判斷力一定會出錯。尤其是在這個時代，判斷力一出錯，造成的影響往往相當巨大。

7. 在七〇年代中，長江實業集團擊敗置地標到地鐵公司一塊位於中環的地皮。對於此事，李嘉誠不認為自己是擊敗置地，而是因為自己「有好多合作夥伴，合作後仍有來往。譬如標到地鐵公司那塊地皮是因為知道地鐵公司需要現金。……要首先想對方的利益，才能說服他跟自己合作。」

8. 一九九九年，李嘉誠因出售英國Orange電訊公司股份給德國一間電訊公司，獲利逾千億元，成為電訊業史上獲利最多的單筆交易，標誌著他成為世界上最重要的交易者之一。這是李嘉誠最引以為傲的交易，他說：「這宗交易令我最開心的不是利潤的滿足，而是我和我的同事都知道我們十年的辛苦經營、多年的努力得到一份真正的回報，這就是別人認同我們所得到的成就，令我們感到很光榮。」這項重大的收購，僅用了短短一週的時間，和黃前高層人員馬世民分析李嘉誠此次的成功，一來是因為懂得掌握時機，趁低吸納，二來是因為速戰速決，在最有利的情況下達成交易。

7 威尼斯人酒店至尊——謝爾登·阿德爾森

Sheldon Adelson

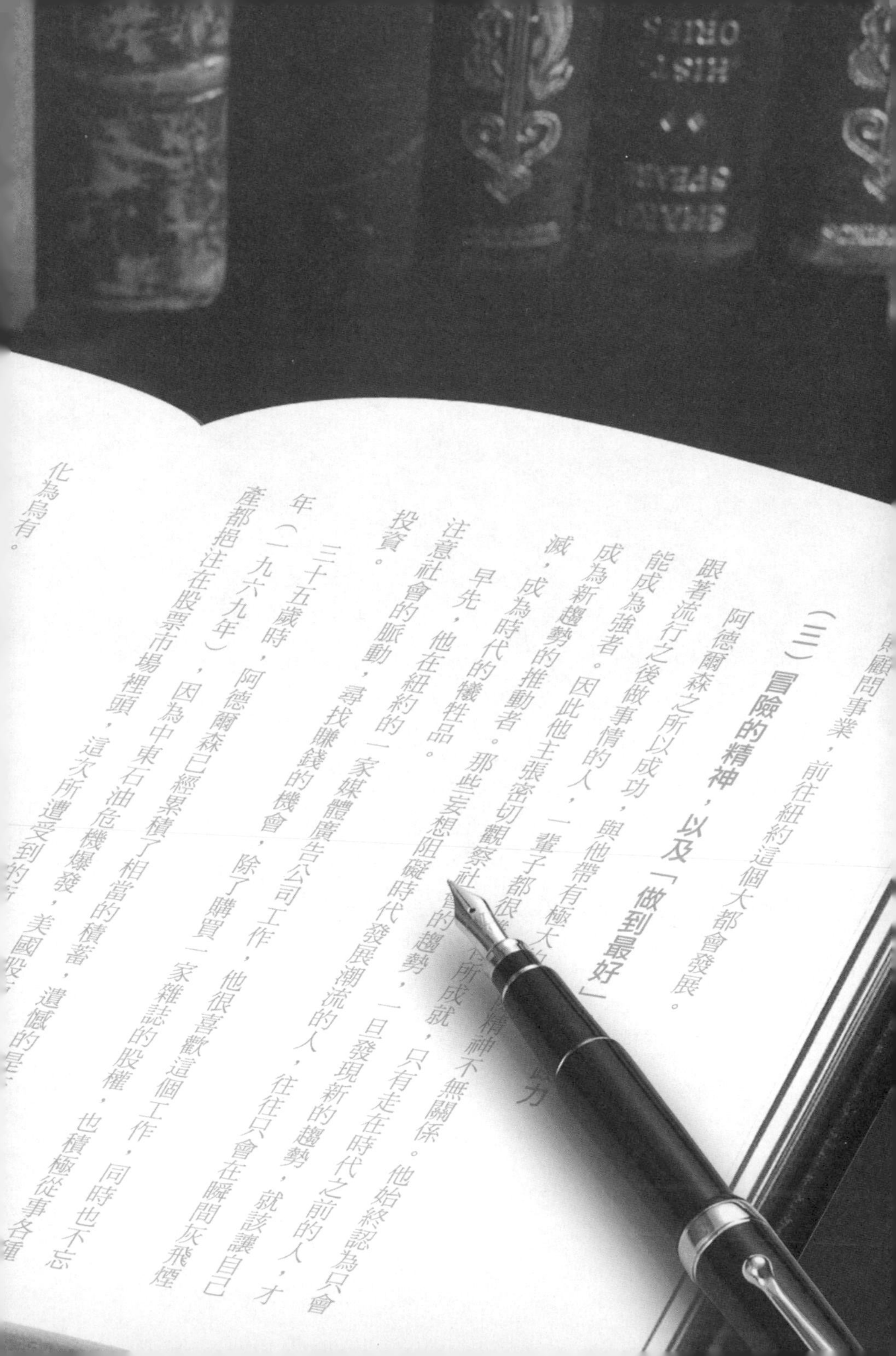
顧問事業，前往紐約這個大都會發展。
（三）冒險的精神，以及「做到最好」
阿德爾森之所以成功，與他帶有極大
精神不無關係。他始終認為只會
跟著流行之後做事情的人，一輩子都很
所成就，只有走在時代之前的人，才
能成為強者。因此他主張密切觀察社
的趨勢，一旦發現新的趨勢，就該讓自己
成為新趨勢的推動者。那些妄想阻礙時代發展潮流的人，往往只會在瞬間灰飛煙
滅，成為時代的犧牲品。
早先，他在紐約的一家媒體廣告公司工作，他很喜歡這個工作，同時也不忘
注意社會的脈動，尋找賺錢的機會，除了購買一家雜誌的股權，也積極從事各種
投資。
三十五歲時，阿德爾森已經累積了相當的積蓄，遺憾的是
年（一九六九年），因為中東石油危機爆發，美國股
產都挹注在股票市場裡頭，這次所遭受到的
化為烏有。

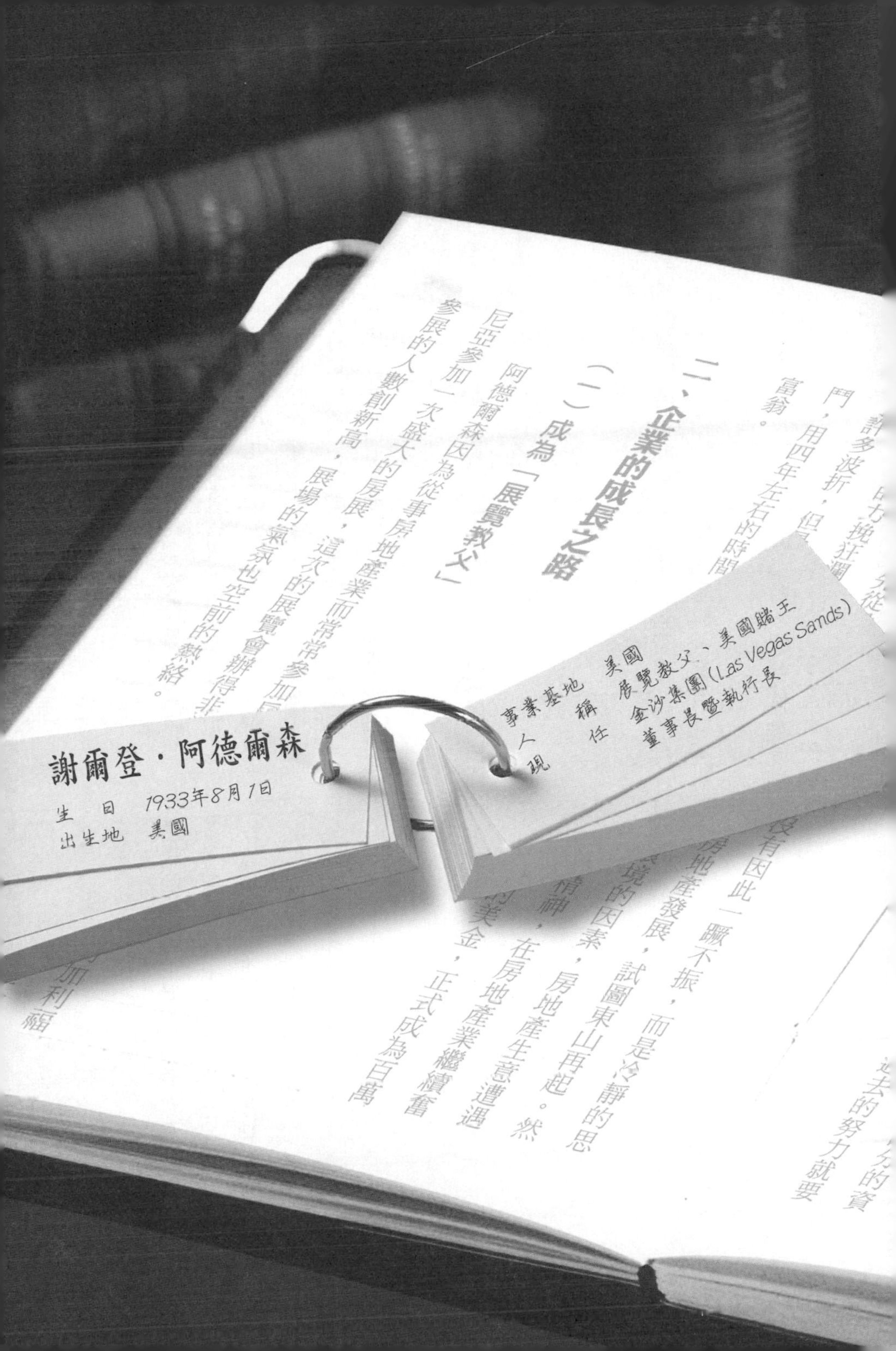
謝爾登・阿德爾森
生　日　1933年8月1日
出生地　美國
事業基地　美國
人　稱　展覽教父、美國賭王
現　任　金沙集團（Las Vegas Sands）董事長暨執行長
二、企業的成長之路
（一）成為「展覽教父」

事業

謝爾登．阿德爾森出身貧寒，從賣報小童做起，什麼樣的事業能賺錢，他都儘可能嘗試，並總能發現別人沒有發現的機會。他創辦了全球最具規模的展覽會COMDEX電腦展覽會，於一九八九年購入坐落於拉斯維加斯的金沙娛樂場酒店，並於次年與建了全美國唯一的私營會議中心——金沙會議展覽中心，透過展覽業務的發展將拉斯維加斯變成新的商業樞紐。經營企業的經驗超過六十年，從事的五十多項生意，皆有聲有色。如今，阿德爾森平均每小時至少賺進一百萬美元。

財富金榜

☆據二〇〇八年《富比士》雜誌的統計，謝爾登．阿德爾森個人的資產淨值為二百六十億美元，排名世界第十二名。

名言

．這個世界充滿機遇！

．只要做對的事，財富就會像影子一樣緊緊跟著你，就算你趕也趕不走。很多人創業的策略，總是受制於預算，對我來說，要做就要做到最好。如果我的財力無法支持我的計畫，那我寧可放棄。

．你必須學會走跟別人不一樣的道路，雖然你會受到質疑，但你要有信心，相信自己能夠將別人的疑問變成驚嘆，這不僅是一種商業戰略，同時是一種生活態度。

‧研究每個行業，你都會聽到兩件事：「我總是這麼做」或者是「每個人都這麼做」。如果你聽到了這樣的話，你就應該知道有機會做一些能夠增加價值、與眾不同的事情了。

‧如果你想說服一個人，最好的辦法就是學會站在對方的立場著想，並且要記住，千萬別以為那些你感興趣的東西可以打動他人，只有用他們感興趣的東西來吸引他們，才能成功。

‧雖然我擁有龐大的財富，但我並不想過奢靡的生活，因為那並非我想要的，我之所以追求財富，是因為理想，我希望自己能像卡內基先生一樣。

‧金錢到處都在，無論經濟好壞，我們總是能夠發現大量的機遇，關鍵在於你有沒有能力和魄力來把握這樣的機遇。

‧如果你有遠見，並隨直覺行事，事情往往會有新的發展。

‧六十多年來，我所經歷的商業生涯告訴我：如果只是一味活在別人的評價之中，你永遠不可能有超出現實的成就。

一、第一桶金

（一）兒時的體驗

謝爾登·阿德爾森（Sheldon Adelson）出生於美國的波士頓，他是猶太人家庭的孩子，家裡一貧如洗，父親是個計程車司機，母親則是在家中以幫附近人家縫補衣服來換取低微的收入。

由於太過於貧窮，阿德爾森一家過著極為艱難的物質生活，從童年開始，因為營養不良，阿德爾森的身材遠比起同齡的人瘦弱，身上的衣服也總是充滿縫縫補補的痕跡，還因此受盡了鄰居小孩的嘲笑。

當聖誕節來臨時，家家戶戶擺起了聖誕樹，整條街漫溢著麵包和奶油交織的濃郁香味，阿德爾森卻只能悶悶的趴在窗戶前羨慕別人家的孩子。

不過，他是個早熟的孩子，年紀很小的時候就自告奮勇，到街頭去賣報紙，希望能幫上父母親的忙。在當報童的日子裡，阿德爾森在街頭接觸到形形色色的人們，感受到人情的冷暖，尤其是親身體驗到社會現實而殘酷的一面，這對他的一生有極大的影響。

剛開始他先向一家專門提供報紙的報站購買大量的報紙，然後再進行轉賣。由於他很會賣報紙，總是能在很短的時間內賣完手中的報紙，再向報站購買另一批報紙來賣，終於引來其他報童的注意與嫉妒。這些報童抓準了時間，在他購買完第一批報紙後，立即合力買下報站剩下的所有報紙，壟斷了他購買第二批報紙的機會。

他發現竟然會有這種惡劣的事情後，心情低落了好一陣子，總想著怎麼樣才能夠擺脫受人掣肘的劣勢。他發現報攤的生意似乎比報童的生意好很多，於是他也想自己擺報攤做生意。可是這並不是一件容易的事情，尤其當年他才是個十一歲大的孩子，而當時開設報攤的基本門檻是兩百元的美金，這筆錢從哪兒來呢？

他找上了自己的叔叔借錢，他的叔叔在專門幫助猶太人創業的互助會做事，因為報攤並沒有被列入互助會補助的項目裡，所以他的叔叔一開始也無法答應這個姪子的請求，但阿德爾森每天都繞著叔叔打轉，想盡辦法博取叔叔的同情，直到叔叔答應想辦法幫忙為止。他終於取得了兩百元美金，租到了兩個攤位，也因此爭取到《波士頓環球報》的零售權，順利擺起報攤來。

阿德爾森的商業生涯由此展開。

（二）這個世界充滿了機遇

在阿德爾森滿三十歲之前，並沒有明確的人生目標，他心裡想著要成功，但卻時常感到茫然，只能不停告訴自己：「用力向前吧！」

不過，對他而言，這個世界充滿了機遇，只要做對的事，財富就會像影子一樣跟隨自己。所以，他一點都不畏懼世道艱難。

他充滿賺錢的熱情，這是因為自小就知道金錢有多麼重要，金錢可以改善物質生活，更重要的是能讓一家人活得有尊嚴。也因為要擺脫過度貧窮的窘境，他從小就汲汲於賺錢，同齡的夥伴還在玩樂的時候，他忙著賺錢；到了青少年的階段，同齡的人正熱烈的追求人生的第一場愛情時，他已經開起自己的商店來了。

他的第一家商店是一家糖果店舖，生意一直很不錯，他靠著賣糖果的錢來支付自己的學費。

他對於日常生活的觀察，有一種異於常人的敏銳度，腦中似乎隨時能蹦出能賺錢的好點子來。例如：二十歲那一年的旅行經驗，讓阿德爾森發現多數的汽車旅館沒有提供日常衛生用品。因此，他相信在汽車旅館附近賣一些日常衛生用品，如牙刷、洗髮精之類的物品，應該可以賺一筆錢。果然，他就靠著這條生財之道賺足了他的大學學費。

他年輕的時候做過任何他覺得會賺錢的行業，一旦認定目標之後，就會全力以赴，爭取到各式各樣的工作機會。這些工作包括：報關員、廣告銷售員、行政助理、廣告代理、房地產顧問、理財顧問等等。在這些工作中，多數的工作讓他經歷不少挫折，嘗到人生的低潮，有的工作則做得有聲有色，讓他嘗到成功的滋味。在這段日子裡，或許實際上賺取的財富不多，但是這些有起有伏的人生歷練，奠定了他日後在事業上大鳴大放的雄厚實力。

阿德爾森想要成功的心很大，雖然當時還不明白自己真正的舞台在哪兒，但他絕對不會對小小的成就感到滿足，三十歲那一年，他捨棄在波士頓做得很不錯的理財顧問事業，前往紐約這個大都會發展。

（三）冒險的精神，以及「做到最好」的實踐力

阿德爾森之所以成功，與他帶有極大的冒險精神不無關係。他始終認為只會跟著流行之後做事情的人，一輩子都很難有所成就，只有走在時代之前的人，才能成為強者。因此他主張密切觀察社會的趨勢，一旦發現新的趨勢，就該讓自己成為新趨勢的推動者。那些妄想阻礙時代發展潮流的人，往往只會在瞬間灰飛煙滅，成為時代的犧牲品。

早先，他在紐約的一家媒體廣告公司工作，他很喜歡這個工作，同時也不忘注意社會的脈動，尋找賺錢的機會，除了購買一家雜誌的股權，也積極從事各種投資。

三十五歲時，阿德爾森已經累積了相當的積蓄，遺憾的是在他三十六歲那一年（一九六九年），因為中東石油危機爆發，美國股市大崩盤，而他大部分的資產都押注在股票市場裡頭，這次所遭受到的衝擊之大，幾乎讓他過去的努力就要

化為烏有。

不過，縱使他遇到如此巨大的挫敗，也沒有因此一蹶不振，而是冷靜的思考停損點，例如：先從股票市場抽身，舉債轉往房地產發展，試圖東山再起。然而，這次的力挽狂瀾之舉並非一次就成功，因為大環境的因素，房地產生意遭遇了許多波折，但是他具有越挫越勇的性格，以其堅毅的精神，在房地產業繼續奮鬥，用四年左右的時間，建立了新的事業，並累積五百萬的美金，正式成為百萬富翁。

二、企業的成長之路

（一）成為「展覽教父」

阿德爾森因為從事房地產業而常常參加房展，四十五歲那一年他到加利福尼亞參加一次盛大的房展，這次的展覽會辦得非常成功，展場的規模比以前大，參展的人數創新高，展場的氣氛也空前的熱絡。

這些現象引起阿德爾森的注意與好奇，他實在很想知道個中的原因。他在展場多繞了好幾圈，也注意著人們的交談，終於發現這一次的展場與以往的展場最大的不同之處，在於這次的展場布置，隨處都可看到各式各樣的廣告，十足吸引了人們的目光，也增加了人們觀展時的話題，而這些廣告將讓主辦單位得到豐富的收入。

他將這次參展的心得結合過去長期經營媒體的經驗，他相信在展場大量安排廣告，勢必成為將來辦展覽不可或缺的元素，只要能善用媒體，例如將雜誌和展場做連結，讓雜誌扮演傳播知識、宣傳廣告以及造勢的功能，增加人們對某類型展覽的認識與期待，也能提升廣告商贊助、參展廠商的參與意願，人潮就是錢潮。

有了這樣的想法，加上他擁有雜誌社的股權，此一計畫並不難推行，他立即找到所有的股東，告訴他們自己的想法，希望能夠得到支持。果然，股東們對於阿德爾森所提的企劃案感到新鮮，也認為大有可為的空間，紛紛表示支持。

得到支持後，阿德爾森開始思考該推出什麼樣的雜誌、辦什麼樣的展覽。他對當時美國社會的脈動作了深入的研究，發現美國社會自一九七四年個人電腦推出起，電腦在人們的生活中越來越重要，人們對於資訊業的追求也越來越熱衷，阿德爾森相準了這塊市場，決定成為趨勢的推動手，他所策劃的新雜誌正是以電腦與資訊為主題——《資料與通信》雜誌。

《資料與通信》雜誌扮演的角色是以最即時的方式，向社會大眾介紹最新的資訊科技的相關消息，這個雜誌將讓買家與賣家都獲得滿足。一九七九年發行第一期雜誌後，也在拉斯維加斯舉辦了第一次的電腦供應商展覽，舉凡電腦最新的硬體、軟體、周邊設備、網路產品和最新的技術，都能夠在這個展場上看到。

阿德爾森滿懷期待，一種必然成功的信心油然而生，他深信自己的直覺不會出錯，一點也沒料到事情會不如他所想的順利。由於是新型的雜誌，再加上電腦的普及率還不夠高，所以多數的電腦供應商們對於阿德爾森的策劃興趣缺缺，這場展覽會只有一百六十餘家的電腦供應商參展，參觀的人數也僅僅四千人上下，票房慘淡，收入還不夠支出，他一點兒也沒有賺到錢。

他將原因歸於雜誌的知名度還不夠，因此他不願就此罷手，繼續推廣雜誌，繼續辦展覽。不過幾次下來，展覽的收入都不如預期，幾乎都是在做賠本生意。儘管他想再接再厲，但來自股東們的壓力越來越大了，他得到了最後通牒——再不成功，這本雜誌以及展覽都不用再辦下去了。

正苦惱著這一回的展覽很可能是最後一次的展覽了，此時，阿德爾森在一家酒店看到了不知為何而聚集的大批人潮，彷彿是發生什麼大事一般。他走到了人群裡，一問之下才知道這些人是來等待一位知名的影星。

阿德爾森忽然有了靈感，他終於知道怎樣能吸引人潮了。只要能找到電腦界明星級的人物，那麼一來就會大大增加人們參觀展覽的意願，因為廠商們能夠預期到人潮，自然就會願意參與這樣的盛會，廣告的效益也會跟著浮現。

他讓員工廣發新聞稿，召開記者招待會，讓所有的記者來採訪這次的展覽。在超級動員之下，超過兩百名的記者來到了記者招待會現場。阿德爾森從容不迫、面帶喜色的對著記者說：「這次的展覽空前的成功，參展的廠商超過一千家，參觀的人數超過十萬人次，眾多知名的廠商都來共襄盛舉，明年我們將邀請更多的廠商參展，屆時也會邀請軟體業界知名的人士來分享他們在這個領域的心得，請大家拭目以待。」

包括他的員工、現場兩百名的記者，都被阿德爾森這番談話嚇到了，記者們一點也不知道實情，竟都誤以為是自己錯過了如此巨大的展覽，趕緊回去發了這條新聞。第二天全美的報紙，都刊載了這次展覽如何成功的新聞。

他誇大了展覽的規模，讓員工們捏了一大把冷汗，不過卻因此讓雜誌與展覽的知名度瞬間衝到最高點，雜誌的股東們也答應再多給他一次機會。

另一方面，他的談話並非全是虛言，例如：他說來年的廠商會更多、業界知名人士將蒞臨演講等事情，是因為成竹在胸，握有充分的實踐方法以及達成的信心。

他先擬定了邀請的名單，並親自拜訪這些電腦界的知名人士。由於他非常擅長站在他人的角度思考事情，因此總能輕易的打動別人、說服別人。

他是這麼說的：「如果你想說服一個人，最好的辦法就是學會站在對方的立場著想，並且要記住，千萬別以為那些你感興趣的東西可以打動他人，只有用他們感興趣的東西來吸引他們，才能成功。」

在他的邀請名單中，首選人物就是當時剛剛成為美國科技界大人物的比爾．蓋茲。阿德爾森從紐約飛到了西雅圖，但一開始蓋茲認為自己所能夠分享的就是寫程式的經驗，而這樣的經驗對於一般的大眾來說，可能只是乏味難懂的語言，所以婉拒了這樣的邀請，但他告訴蓋茲：「希望你別把這次的機會看做宣傳程式技術的演講，而是能藉此向社會大眾介紹電腦的重要性與便利性，讓電腦成為新時代人們的必需品，這樣貴公司的未來一定會更好。」

蓋茲是一個立志要「讓每一個家庭及辦公桌上都擺上一台電腦」的科技人，阿德爾森的話深深打中了他的理想，他欣然接受了阿德爾森的邀請，並滿懷期待的赴約。除了蓋茲之外，史蒂夫．賈伯斯（蘋果電腦創辦人）、賴瑞．艾利森（甲骨文公司總裁）等大人物，也一一成了展覽會場上的座上賓。

果然，在這些科技明星加持下，讓將舉辦的展覽增加了無數的魅力，連廠商們也都深受吸引，參展的公司多達二千四百八十餘家，將近是一年前的十六倍；他在拉斯維加斯租一平方呎的場地租金是十五美分，透過包裝之後租給參展電腦商，一平方呎的場地租金高達四十美元，他極盡可能的充分利用每一吋空間，除了出租展覽的攤位，也規劃出每一個空間刊登廣告的費用。如此下來，他的電腦展覽生意淨利高達百分之七十。

阿德爾森如願的締造了一場科技盛會，參觀的人數達到二十一萬之多，空前的盛況，在民眾心中烙印下深深的印象。他所規劃的電腦資訊展覽（COMDEX；Computer Dealers Exposition）名副其實的成了全球最大的電腦展覽會。

阿德爾森被譽為「展覽教父」。

（二）不同的思路，成為「美國賭王」

阿德爾森因為電腦展覽，賺進了令人羨慕的龐大財富。展覽會的成功，吸引眾多的人潮，使得展場附近的酒店也連帶大賺了一筆。

此時，他開始覺得酒店的生意，應當也是很好的賺錢生意，於是開始計畫在展覽會之外，經營其他的生財之道。

拉斯維加斯是舉世聞名的賭城，這一點是世人普遍認知到的，阿德爾森卻覺得拉斯維加斯的潛力不止於如此。他認為拉斯維加斯長期以來的服務業就非常發達，除了賭博娛樂，非常適合辦展覽會，以及適合公司企業到此地舉辦年度會議。

酒店平日可以用來招待這些來參加展覽或是聚會的商務人士，週末的時候則有大批的旅遊團進住酒店，這樣酒店能保持極高的入住率，利潤也會大幅提升。

另外，酒店最好設有賭場，因為來到拉斯維加斯的人，很少完全不到賭場消費、娛樂的。

他的理想是把酒店變成「集酒店、賭博、商務、展場為一體的場所」，當時這樣的想法對當地的人來說，簡直是難以想像，大部分在拉斯維加斯開酒店的人，都以經營賭博為主。而總是給人紙醉金迷印象的拉斯維加斯，要成為商務人士的聚會要地，或是成為大型展覽的首選之地，自然出乎一般人的聯想範圍。

他一點也不在意那些得知他的理想之後嗤之以鼻的人們，而是抱著十足的信心，相信自己能夠讓眾人的質疑與訕笑轉變為驚嘆。

他選擇收購金沙酒店。當時，金沙酒店因為太老舊，遠遠比不上當地那些金碧輝煌、氣派奢華的大酒店，儘管如此，他就是認為這家酒店是最具有改造空間的一家，所以毫不猶豫的和酒店原來的擁有者進行商談，對方很爽快的以相當於四十二億元新台幣的價格賣給他。

事實上，當時他還沒有那樣的財富，可以獨自一口氣買下金沙酒店，只能趕緊尋求其他投資者的協助。有的人對他的想法不以為然，因此讓他碰了不少釘子。幸好，一家美國知名的證券公司，其負責人邁克爾・米爾肯，雖然也對於阿德爾森的瘋狂計畫是否行得通有所疑慮，但是又受到他獨特的想法與行動力感動，便幫忙他籌足了資金，阿德爾森就這樣購進了金沙酒店。

買下酒店後，他立即進行那個被視為瘋狂、備受他人訕笑的計畫——在拉斯維加斯蓋美國最大的私人展覽、會議中心。他投注所有的心力，花了整整一年的時間規劃這個中心，就蓋在金沙酒店的旁邊。當一九九一年這個中心落成之後，拉斯維加斯一年的會議多達四千多場，成了美國最重要的一座舉辦展覽的城市。

他在拉斯維加斯的事業，如有神助似的一切按照著他心中的劇本演出，因為擁有龐大的展覽資源，金沙酒店的入住率居高不下，也讓拉斯維加斯的形象有了新的注解，他締造財富的同時，從展覽商成功轉進酒店、博弈事業，也為城市寫下了輝煌的歷史。

（三）更大的夢想：炸「金沙酒店」，造「威尼斯人酒店」

阿德爾森憑藉著金沙酒店、金沙展覽中心，利用展覽、酒店、賭博的結合，果然發揮了最大的集客率，財富如江水般滔滔不絕、滾滾而來，他在拉斯維加斯的名氣如日中天。

不過，他沒有因此感到自滿，心中總是懷著一個比一個巨大的夢想，他要讓他的財富、事業壯大到令世人讚嘆、競爭對手望塵莫及的境界。

一九九一年阿德爾森和第二任妻子到威尼斯度蜜月，這個世界著名水都的風采令他們十分著迷。阿德爾森想到自己的金沙酒店，在裝潢設計上或許可以運用上威尼斯的一些建築藝術，他把想法告訴了太太，太太卻問他：「為什麼不在拉斯維加斯再造一座威尼斯呢？」阿德爾森一聽，便覺得這個點子實在太棒了。假期結束之後，他立刻與部屬開會討論，可是因為執行的難度實在太高，所有的得力幹部幾乎一面倒的認為這實在是個瘋狂的、不可能的任務。然而他可不需要徵求其他人的同意，他要求部屬務必在最短的時間內，找出最快達成目標的方法。他自己則負責想辦法籌募出足夠的資金（約十五億美元）。

一九九六年冬季，阿德爾森炸掉了金沙酒店，蓋起威尼斯人酒店來。這個工程非常浩大，為了精確而完整的複製威尼斯，他不計代價的去聘請威尼斯著名的建築史學家、藝術家，讓他們對威尼斯的名勝古蹟進行研究，又花費鉅資請最頂尖的建築團隊來執行建造的任務。整個建造的過程宛如一場煉獄，歷經各種困難與挑戰，一個又一個的難題接踵而來，工作團隊總要費盡心力才能一一克服，終於在一九九九年的夏天完工，威尼斯人酒店盛大開幕。這個酒店落成後，受到各界人士的青睞，入住率一直高達百分之九十七點三，成了阿德爾森事業上的另一個高峰。

（四）綜合渡假村：進軍澳門

由於澳門特區政府向來重視博彩業會帶來的資金和人流，積極推動博彩業的發展；且澳門處亞洲的中心，從日韓及東南亞國家到澳門都很方便，又有緊鄰中國內地和香港的巨大優勢，超過九千萬人三小時內乘車船可達澳門。

阿德爾森深信澳門具有無可限量的魅力與潛力，因此在澳門投資了近千億的人民幣興建威尼斯人渡假村酒店。不過，相較於當地業者重視賭場設施的同業，他維持一貫的行事風格，追求與眾不同的理想，打造出了一個經典的綜合渡假村，其賭場只占拉斯維加斯威尼斯人酒店百分之一的空間，其他都是會展、酒店及休閒、遊樂設施。❶

澳門地區在各博彩業巨頭如阿德爾森、史提芬．永利長期的經營與競爭之下，使得該地區不僅對亞洲賭客來說很有吸引力，並且早已超過拉斯維加斯成為全球第一賭城。

三、家庭與人生觀

最有錢的人，往往具有節儉的特質，而阿德爾森的節儉程度，有時甚至被視為是小氣、吝嗇。他之所以始終保有節儉的特質，與從小在貧困之家長大不無關係。此外，已故的鋼鐵大師戴爾．卡內基帶給他相當大的啟發，有一回，他在這位大人物的傳記裡，認識到卡內基是一個質樸而謙虛的人，其以熱情、精力、理想構築了不平凡的一生，這樣一位具有深度的成功人士的生平事蹟，讓阿德爾森深受感動，也引以為一生的偶像。他開始閱讀卡內基的相關著作，卡內基說過一段話：「如果一個人有了賺錢的本領，那麼這個人花錢也需要很多本領，唯有如此才能有利於社會。」這段話讓他印象深刻，並時常拿出來提醒自己，要追求理想，也要懂得正確看待自己的財富，將財富處理得恰到好處。

二〇〇七年八月二十八日，在澳門路氹金光大道上，一座媲美拉斯維加斯威尼斯人酒店的渡假酒店開業，這是澳門有史以來最龐大的旅遊發展項目。當日阿德爾森在澳門接受了媒體獨家專訪時談到：「我成功的秘訣是我的太太，她是一位天使。她給我很多鼓勵。另外，我不喜歡做人家做過的事，我有我的經驗。我知道哪裡是難處，哪裡是長處，配合自己的經驗，按照自己的想法做自己的事，一定要有自己的特點。這就是我成功的秘密。」

確實，阿德爾森一輩子都在走與其他人不一樣的路，他每回的「異想」在最初往往被世人視為「狂想」、「妄想」，然而他卻從來不把那些細細碎碎的耳語以及質疑當一回事，對於自己的「夢想」，他帶著堅定無比的信念勇往直前，他總是說：「你必須學會走跟別人不一樣的道路，雖然你會受到質疑，但你要有信心，相信自己能夠將別人的疑問變成驚嘆，這不僅是一種商業戰略，同時是一種生活態度。」正是這種思想的高度與信念，讓當年那個身材瘦小羸弱、飽受他人歧視欺侮的小男孩，不被崎嶇的世路所絆倒，在人生的舞台不斷製造驚奇，終究成為家喻戶曉的大人物，坐上世界級富豪的榮譽寶座。

❶擁有七百餘張賭桌的全澳最大的博彩大廳、逾十萬平方米的會議展覽場地及一個一萬五千個座位的綜藝館、一千八百個座位的表演場。除多間高級餐廳和水療設施外，酒店還擁有一個近十萬平方米的大運河購物區，彙集了三百五十個世界頂級品牌。以上詳見於中新社記者畢永光報導：〈美國博彩酒店業巨頭蕭登．艾德森看好澳門〉一文，二〇〇七年八月二十六日。

8 時尚精品界的拿破崙——貝爾納・阿爾諾

Bernard Arnault

第一桶金
（一）以父業為基礎

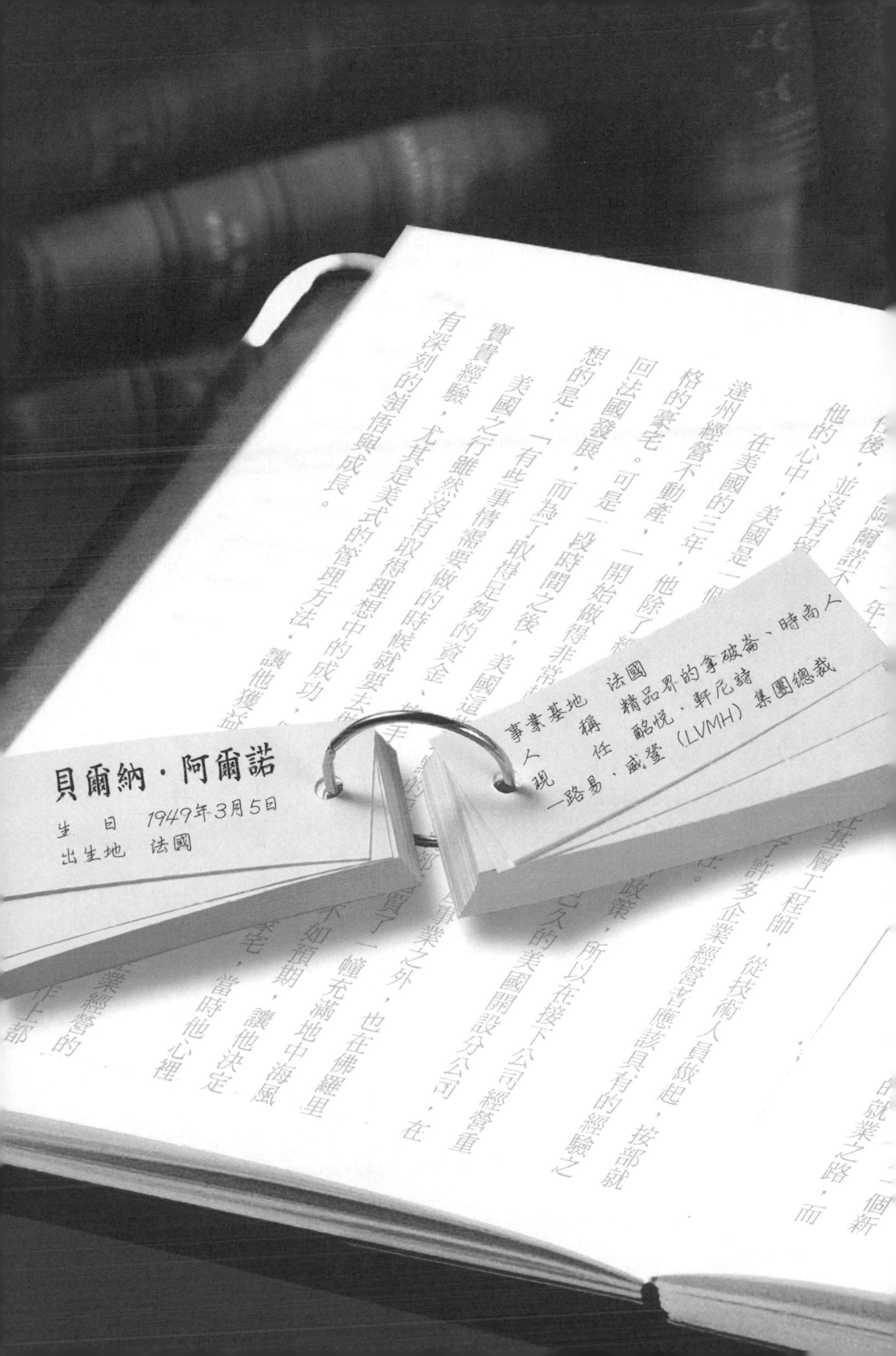
貝爾納·阿爾諾
生　日　1949年3月5日
出生地　法國
事業基地　法國
人　稱　精品界的拿破崙、時尚人
現　任　酩悅、軒尼詩—路易、威登（LVMH）集團總裁

事業

貝爾納．阿爾諾領導的LVMH集團（酩悅．軒尼詩—路易．威登集團），成立的時間雖然不長，但靠著購併的商業戰略（除了Gucci，他幾乎沒有失手過），奉行「只要最高貴」的全球收購策略，而成為目前世界上最大的精品集團，擁有葡萄酒（含酒精成分之商品）、流行時裝與皮件、香水及化妝品事業、鐘錶與珠寶飾品、選擇性零售等五大事業群。現今旗下所擁有將近六十種的知名品牌，幾乎都有其悠久的歷史。有的品牌甚至在十八世紀就享有盛名，在這些品牌的傳承與創新中，隱約可以看到法國文化與傳統的縮影。LVMH集團在全球擁有一千九百二十五家零售店，員工人數超過六萬四千名。

財富金榜

☆據二〇〇八年《富比士》雜誌的統計，貝爾納．阿爾諾個人的資產淨值為二百五十五億美元，排名世界第十三名。

名言

．有些事情需要做的時候就要去做。

．我喜歡走在前面、去拚搏，拉開與對手的距離是我的樂趣。

．和建築師、設計師一起打造具有吸引力的產品，並令這一產品的市場獲得成功，是我的強項，也是我所喜歡的。

·精品是一個特殊的行業，它不像造汽車或其他工業品。你得有勇於成功的激情。

·後來我才發覺，光有天才是不夠的。老實說，當我知道有偉大的才能不見得就能成功的塑造一個品牌時，確實受到很大的打擊。因為品牌需要「傳統」，而這是沒有捷徑的。

·到達成功的階段是必須花費很長的時間。最終到底是失敗？還是一個學習經驗的過程？並不是所有的商業模式都可以用一樣的方式來論定。

他人之眼

·紀梵希（Givenchy）男裝的新任設計師奧茲瓦爾德·博騰（Ozwald Boateng）說：「貝爾納·阿爾諾是LVMH帝國的上帝。」

·法國槓桿收購（LBO）基金前董事長吉爾斯·薩爾瓦多這樣稱讚阿爾諾：「他為法國經濟樹立了好榜樣。」

一、第一桶金

（一）以父業為基礎

貝爾納・阿爾諾（Bernard Arnault）出生於法國陸貝，他的父親吉恩・阿爾諾（Jean Arnault）經營建築事業——費雷・莎奈爾建築公司，在法國建築圈頗有成就，阿爾諾可以說是在富裕的家庭中長大。

阿爾諾天資聰穎，尤其是在數理方面有很好的表現，十七歲時就考進法國理工科系的最高學府——法國高等理工學院。這個學院的聲譽很高，從這個學院畢業的學生，他們的素質受到社會大眾的肯定，甚至連就業都受到法律的保障，被視為社會菁英份子的他們，就業待遇遠比一般的大學畢業生的待遇優渥，並且能夠直接擔任主管的職務。

然而阿爾諾並非一個遵循傳統道路的人，他的性格中更多的是去成為一個新價值的創造者。從理工學院畢業後，他沒有走上那一條人人稱羨的就業之路，而是進入父親的公司工作，且前三年只擔任基層工程師，從技術人員做起，按部就班的接受各種磨練，二年後成為經理，累積了許多企業經營者應該具有的經驗之後，二十八歲那一年才正式接掌公司的經營重任。

由於阿爾諾不太能夠認同當時法國政府的經濟政策，所以在接下公司經營重任後，並沒有留在國內發展，而是攜家帶眷前往嚮往已久的美國開設分公司，在他的心中，美國是一個「快速、開放、有趣」的國家。

在美國的三年，他除了經營在法國的建築業、不動產事業之外，也在佛羅里達州經營不動產，一開始做得非常起勁，他還在紐約郊區買了一幢充滿地中海風格的豪宅。可是一段時間之後，美國這些地點的房市，買氣不如預期，讓他決定回法國發展，而為了取得足夠的資金、放手一搏，忍痛賣掉了豪宅，當時他心裡想的是：「有些事情需要做的時候就要去做。」

美國之行雖然沒有取得理想中的成功，但是他卻因此學習到一些企業經營的寶貴經驗，尤其是美式的管理方法，讓他獲益良多，在資金運用、買賣操作上都有深刻的領悟與成長。

（二）轉戰時尚精品業

赴美時的一次小小經驗，成了阿爾諾日後轉戰時尚精品事業的關鍵。他有一回在美國坐上計程車後，他與計程車司機閒聊，他問對方知不知道法國總統是誰，司機回答他：「我不知道法國總統是誰，但我知道迪奧（Dior）是法國的名牌。」司機的回答帶給阿爾諾不小的啟發，他發現時尚名牌是如此的深植人心，以及具有超越國籍的無窮魅力，這次簡短的對話也揭開了主導LVMH集團的序幕，因為阿爾諾正是以迪奧作為時尚事業的起點。

他之所以相中迪奧作為他新事業的起點，除了那次簡短而令他印象深刻的異國談話之外，主要是因為他認為迪奧是一個具有無窮潛力的品牌，因為它雖然不是一個規模巨大的品牌，但其長期經營出來的風格，如：「典雅」、「優美」、「講究」等形象早已成了廣大消費者心中不滅的印象，這種有形卻抽象的資產，將是企業成長的最好能量。

一九八四年起，三十五歲的阿爾諾成了阿嘉契金融公司（係於費雷．莎奈爾公司擴大之後成立）的社長，同時展開了他人生的大冒險，毫不猶豫的往他陌生的領域大步前進。

他所瞄準的迪奧❶是法國紡織品集團布薩克（Boussac）下的品牌，此集團比他的家族企業規模大上兩倍。雖然當時布薩克集團深陷危機之中，急著售出經營權，但是以他當時的財力來說，要獨力把整個集團購買下來仍是不可能的事。且當時競爭者眾多，而他對於迪奧又有勢在必得的決心，因此趕緊將家族企業抵押，並和法國的投資銀行合作，終以四億多法郎購買下整個布薩克集團。

他堅信自己有讓迪奧起死回生的能力，也不在乎景不景氣的問題，而是篤信善用機會的人就會是贏家。他用心觀察其他成功品牌的經營模式，或是一些從危機中走出來的品牌，試圖從中吸取經驗，運用到迪奧的經營上。

果然，一分耕耘一分收穫，自他接手迪奧後，僅用了兩年的時間就讓迪奧重新綻放光采，並走向國際化。

二、企業的成長之路

（一）用人唯才，從人才身上獲取經營的智慧

阿爾諾擅長的是企業經營，關於市場行銷或是金融方面的問題，也罕有人比他更出色，但是要涉足與他過去所學八竿子打不著的服裝業，這實在是個不低的門檻，因此最好、最快速的方式還是「用人唯才」，聘請專業的人士來操刀，才是明智之舉。

一九八七年他想盡辦法挖角了香奈兒成衣部門的管理總監邦吉巴，讓她擔任迪奧的營業經理，以及副社長。

其次，由於設計師是品牌的靈魂，想讓迪奧有嶄新的氣象，設計師的能力成了必然的關鍵。他聽取邦吉巴的建言，換掉迪奧原先的設計師，改聘請義大利的知名設計師費瑞，由費瑞來擔任高級訂製服、淑女成衣、皮革產品等部門的負責人。

費瑞以義大利設計師的身分進駐法國知名品牌迪奧的首席設計師位置之後，引來法國時裝界一陣輿論上的撻伐，認為此舉無異否定了法國設計師的能力。不過邦吉巴一點也沒受到動搖，甚至加以反擊，認為只有敞開國際化的心胸，才是巴黎保住服裝領導地位的最好方法。阿爾諾也展現了用人的氣度，絕對的相信與支持邦吉巴的決定。

費瑞果然不負所托，他也絲毫不受輿論影響，在首次於巴黎舉辦的時裝發表會上，其演出讓眾人感到驚艷。這次服裝秀受到各界人士的肯定與讚嘆，讓那些當初懷抱質疑的人士一個個心服口服，從反對者轉變成支持者，這次的大成功為時裝界增添了更多的話題性。

邦吉邦對迪奧的貢獻是有目共睹的，阿爾諾也從邦吉巴身上學習到許多重要的商業之道，然而，阿爾諾在一九九〇年解聘了邦吉巴，此事在當時引起相當大的震撼，雖然具體的實際原因，外界難以了解，不過一般推測多半出於大環境的因素，由於在那段時間裡，精品業的前景不見好轉，阿爾諾必須調整商業戰略，而做出加強零售業的決定，才會解聘邦吉巴，改聘烏爾曼。

（二）既復古又新潮的經營哲學

阿爾諾從不諱言自己從邦吉巴身上學到許多東西，例如對於人才的任用不分國籍，以及採用充滿創意的年輕設計師，如將以優雅著稱的資深品牌紀梵希交給「英國時裝界的野孩子」約翰．佳利安諾操刀，他打破了傳統的枷鎖，紀梵希增添了極致華麗的風格，讓人耳目一新而驚豔不已。

一九九七年，佳利安諾被調往迪奧之後，陸續推出一系列的經典設計，讓迪奧這個品牌攀上更高的境界。除了英國的佳利安諾，阿爾諾也重用美國少年馬克．雅各斯，讓他為ＬＶ設計成衣。阿爾諾對待這些設計師，是儘可能的給予最大的自由，讓他們能無所顧忌的、淋漓盡致的發揮創意。他這種從不「槍斃新創意」的管理哲學受到所有設計師的激賞。

阿爾諾一方面擅長以現代化的企業經營方式，讓沒落的老式企業東山再起，一方面也擅長經營像迪奧這種有其歷史傳統的品牌，除了讓這類品牌保有原來的文化符碼，也能夠與時代潮流並進，從而創造出既復古又新潮的流行文化，成為時代風尚的標竿。

（三）入主ＬＶＭＨ集團

1. 時尚業界的收購專家

在阿爾諾正式入主掌控ＬＶＭＨ集團之前，ＬＶＭＨ集團係於一九八七年由亨利・拉卡米耶握有的路易・威登（Louis Vuitton），與亞倫・謝瓦利埃握有的酩悅・軒尼詩（Moet Hennessy）兩個大集團合併而成的控股公司。控股公司成立之後，由亨利・拉卡米耶擔任社長，亞倫・謝瓦利埃擔任經營會的議長。不過因為兩人在經營理念上不合，埋下了日後ＬＶＭＨ集團易主的種子。

ＬＶＭＨ集團成立後擁有Louis Vuitton、Moet Hennessy、Christian Dior香水、羅威國際高級皮革等品牌，這些品牌下的商品，不管是時裝、皮包、香水、酒品，都是世界知名的一流商品，不過，ＬＶＭＨ集團並不以此為滿足，持續收購更多知名的品牌，試圖囊括世界上所有的知名品牌，例如紀梵希的香水、服裝、凱歌香檳等，並取得了自行進入日本市場的權利。

LVMH集團這種複合品牌的經營模式，其實也是阿爾諾所擅長的經營策略。因為他也認為與其從零開始自創品牌、經營新的事業領域，還不如收購已有的品牌，反而可以節省資金和時間[2]，因此他所領導的阿嘉契公司，除了一直密切注意LVMH集團的收購行動，自身在收購知名品牌上也加緊了腳步。

阿爾諾領導的阿嘉契金融公司為了收購做足準備，一方面出售旗下的部分利潤低的企業以募集資金，另外一方面則對旗下的事業體重整架構。

阿爾諾於一九八七年向LVMH集團提出收購迪奧香水的意願，LVMH集團的亨利．拉卡米耶也向他提出收購迪奧服裝的想法，在此同時，亨利．拉卡米耶與亞倫．謝瓦利埃的不合越來白熱化。

拉卡米耶有意拉攏阿爾諾，是以阿爾諾在一九八八年順利買下LVMH集團百分之三十的股權，成了大股東，其後一年的時間他又以驚人的速度，握有越來越多的股權。

一九八九年謝瓦利埃辭去經營會議長的職務，一九九〇年拉卡米耶也退出了LVMH集團，這是拉卡米耶始料未及而追悔不已的結果。當年度LVMH集團的資本額為一百七十億美元，這個世界上最大的時尚精品集團，擁有數十個高級品牌，此時完全落入阿爾諾的口袋之中，他成了時尚業界的收購專家。

在這個社會上，每天都有人感慨景氣不好、日子難過，但對於有心要成功的人士來說，景氣不好反而是成功的關鍵，在許多奮鬥而致富的富豪身上，都可以看到他們是如何善於運用不景氣的日子，而阿爾諾之所以可以靠著購併之路取得龐大的成就，善於利用不景氣的日子也是很重要的因素。

2. LVMH集團煥然一新

阿爾諾入主LVMH集團之後，開始他所擅長的企業再造、更新工作，竟然只花了三年的工夫就讓LVMH集團煥然一新，展現出新的企業活力。

首先，為了讓LVMH集團注入創新的元素，以新穎而令人驚艷的面貌抓住世人的目光，他讓LVMH集團的設計師進行世代交替，大量重用年輕的新銳設計師。這些設計師的任務固然是展現新的風格、創造新的流行元素，但他們也都重視對品牌傳統特色的繼承，一些讓消費者印象深刻的品牌元素，仍舊保持在新的設計師的作品之中，如此一來，更容易得到消費者的認同，也有助於品牌形象的升值。

此外，因著LVMH集團的購併策略持續進行，旗下管理的子企業（品牌）與事業類型日益增加，如：持續經營LVMH集團開創時期的自有品牌、讓過氣的設計師且缺乏活力的品牌起死回生、從皮件品牌起家並積極投入高級成衣時裝的品牌、加強現有的事業體、針對銷售而取得的零售事業、目標為擴大事業、阿爾諾私人迷戀的品牌、從法國跨足世界的品牌等。以二〇〇一年為基準，LVMH集團約擁有五十一種知名品牌、五十七家子企業。❸

為了讓集團的運作能發揮最大的效益，事業部門的整合相當重要，LVMH集團大致分為五個事業部門，包括：葡萄酒（含酒精成分之商品）、流行時裝與皮件、香水及化妝品事業、鐘錶與珠寶飾品、選擇性零售。

LVMH集團將這五個特性不同的事業部門組合運用，例如以穩定性較高的商品（如酒精類事業）搭配新商品熱賣，這種以穩定的事業搭配帶有少許風險的事業互補，可以讓企業整體的業績有更高的穩定性。❹

三、家庭與人生觀

阿爾諾是全世界最家喻戶曉的法國人物，他生性沉穩，甚至有些寡言，在媒體面前總是很低調，不過他十足是個有創意、提得起放得下、懂得取捨，又有行動力的企業家，他曾說過：「有些事情需要做的時候就要去做。法國人有很多好想法，卻很少將它們付諸實踐。」

他因為出身於富裕的家庭，所以擁有很好的教育環境，除了學業成績優異，才藝也非常出眾，他曾辦過慈善鋼琴演奏會，該場演唱會由日本著名的交響樂團指揮家小澤征爾指揮。阿爾諾的妻子是加拿大籍的鋼琴家。

阿爾諾熱愛藝術，他認為藝術作品可以刺激人的創意，且藝術是信仰自由的最佳體現，他長期關注一些當代的藝術家；每一年都花費鉅資，贊助法國國內的美術館舉辦大型的展覽會；此外，他在LVMH集團總部的後院設計專門擺放藝術品的空間，這個空間完全對外開放，除了員工之外，一般民眾也可以進入參觀，這個空間收藏的藝術品有的是阿爾諾自己請設計師創作、有的則是他在世界各地的拍賣會場購買來的。

阿爾諾有五個子女，他的子女都很優秀。長女德爾菲娜和阿爾諾一樣的低調、一樣愛好藝術，此外，從脾氣、品味、行事風格等各方面看來，也都能找到父女兩人的相似點，因而德爾菲娜特別得到他的疼愛[5]，除了是阿爾諾的掌上明珠，也被刻意栽培成事業上的繼承人，是他工作上得力的助手。德爾菲娜從倫敦經濟學院畢業後，先進入麥肯錫公司成為一名國際管理顧問，工作三年，累積了一定的管理經驗後，才進入LVMH集團擔任主管，負責開發、推廣迪奧香水的新品項，做得有聲有色，二十九歲時被任命為董事會成員。德爾菲娜的責任越來越重，她除了負責開發迪奧的手提包系列，也擔任西班牙皮件品牌Loewe的高層管理人員，她像阿爾諾一樣喜歡採用年輕、有突破性創意的設計師。

❶此迪奧指的是服裝部分的商品，著名的迪奧香水早已被布薩克集團轉售到酩悅．軒尼斯旗下。

❷購買既有品牌是阿爾諾主要的經營法則，但唯一的例外是：他起用克里斯丁．拉克華，成立了Christian Lacroix，並不計虧損、大力支持這位被評為「色彩魔術師」的設計師，因為阿爾諾折服於克拉華的才華，他對克拉華倍加禮遇，深信這位法國設計師，必然能夠成為最偉大的設計師。從一九八七年到二〇〇五年，Christian Lacroix雖然建立了它的盛名，但虧損連連的情況似乎也如影隨形，經常有阿爾諾將賣掉Christian Lacroix的傳言，阿爾諾一路表達對克拉華的支持，並曾公開回應：「我從Christian Lacroix那裡學到很多事情。例如，我學會該如何將一個品牌從無到有，建立起來；這就好像擁有一間實驗室一樣。一開始，我曾認為『只要擁有拉克華這個天才，一切都萬事OK！』，後來我才發覺，光有天才是不夠的。老實說，當我知道有偉大的才能不見得就能成功的塑造一個品牌時，確實受到很大的打擊。因為品牌需要『傳統』，而這是沒有捷徑的。」直到二〇〇五年才將Christian Lacroix品牌賣給美國的第二大免稅品經銷商Falic集團。雖然，最終Christian Lacroix還是被賣掉了，但阿爾諾給予克拉華如此長時間的完全支持，與阿爾諾長期以來擁有冷酷無情的經營者形象大不相同，可看出他也有滿腔熱血、充滿理想性的一面。

❸請詳參長澤伸也著：《LVMH時尚王國》，頁二二六—二二九。

❹請詳參長澤伸也著：《LVMH時尚王國》，頁二一四—二二二。

❺貝爾納對這個女兒的喜愛，從他為人低調卻隆重嫁女一事中可見一斑。二〇〇五年，德爾斐娜與義大利工業家族之子瓦拉里諾．岡西亞結婚。兩人婚禮之華麗，令世人印象深刻。

9 跳脫傳統智慧的創造者——賴瑞・艾利森 Lawrence Ellison

企業的成長之路
（一）資訊技術全球化，以取得龐
後經濟
甲骨文公司發展的壯大，與賴瑞
行以及轉型為電子化企業的重視有極
大的關連。
「電子化企業」指的是：利用全球網路（也就是網際網路）和全球資料庫整
合商業的各個環節，讓包括行銷、銷售、供應鏈、產製、客服、帳務、人力資源
在內的一切業務功能，都使用相同的全球網路和相同的全球資料庫。
電子化企業是在統一的電腦系統下運作，每個人都連接這套系統，所有的
訊也都集中在同一個地方。❷如此一來，便能大量節省紙上作業、
錢物力以及時間的付出，也可大量節省人事成本，並發展
從一九九五年起，甲骨文就開始研發網路系統
路，但是當應用程式正式運作後，賴瑞
化，

賴瑞・艾利森
生 日 1944年8月17日
出生地 美國
事業基地 美國
現 任 甲骨文公司（Oracle）
行政總裁

事業

賴瑞．艾利森（又譯作：羅倫斯．艾利森或拉里．艾利森）於一九七九年創立甲骨文公司（Oracle），一開始只是三個人的小公司，最初一年賺不到百萬美金，在短短十年間迅速擁有龐大的市場，如今成為世界上最大型的數據庫軟體公司，也是僅次於微軟的全球第二大獨立軟體公司。根據最新的消息指出，甲骨文公司已公布二〇〇八財年第三財季收益情形，並且表示其現今的營運利潤遠高於其他的競爭對手，包括微軟，顯示了他們在業務方面的獨特優勢。

重要榮譽

☆至二〇〇八年為止，賴瑞．艾利森是少數多次擠進《富比士》薪酬最高排行榜、且企業仍穩健成長的執行長。

財富金榜

☆據二〇〇八年《富比士》雜誌的統計，賴瑞．艾利森個人的資產淨值為二百五十億美元，排名世界第十四名。

名言

．大學的學位是有用的，我想每個人都應該去獲得一個或者更多，但是，我在大學卻沒有得到一個學位，我從來沒有上過一堂電子計算機課程，但我卻成了一名程式設計師。我會寫程式，都是從書本上自學得來的。

·我一直都懷疑都懷疑那些所謂的「傳統智慧」，特別是那些人云亦云的權威。對我而言，事情的重點並不在於權威，而在於合理。這種思維方式在企業經營上特別有價值，原因是你將成為第一個有機會做不同事情的人，那麼，怎樣才能避免自己犯錯誤呢？簡單的說，就是勤奮加上思考，然後不斷的進行嘗試，並且與許多聰明的人在一起加以討論。

·害怕失敗的感覺，比貪心更能激勵我。我討厭失敗！

·賺錢並不是最主要的，我真正想做的事情是和自己所喜歡、所佩服的人一同工作。

·當時甲骨文大部分的經理人都希望謹慎行事，而我卻覺得必須加快腳步，否則將錯過史上最大的商機。我費了一番功夫才了解，技術的改變還算是轉型為電子化企業時比較簡單的部分，要說服人改變工作方式才是真正的挑戰。

一、第一桶金

（一）獨立思維，跳脫「傳統智慧」

賴瑞．艾利森（Lawrence Ellison）出生於美國的紐約，是猶太人的後裔，小時侯曾居住在俄羅斯。由於他的母親生下他的時候，還是個未婚媽媽，出於一些考量，將他交由已成家的舅舅撫養。後來賴瑞跟隨父母從俄羅斯移民到美國。

賴瑞在求學期間，學業成績不理想，總共念過三所大學，但都沒能畢業。在課業之外也沒有什麼特別突出的表現，平日喜歡獨來獨往，很少與同儕互動。不過他注重穿著和享受的特質，倒是和許多年輕人沒什麼不同。

誰也沒能料到這位在各方面看起來都很平凡的孩子，日後會創辦甲骨文公司，長期成為微軟公司的勁敵。

在一般人的眼中，成為輟學生是一件不光彩的事情，賴瑞卻絲毫不以為意，甚至還在二〇〇〇年的耶魯大學畢業典禮上致詞時，說出了一些對於「輟學」的驚人觀點：「今天我站在這裡，並沒有看到一千個畢業生的燦爛未來。我沒有看到一千個行業的一千名卓越領導者，我只看到了一千個失敗者。你們感到沮喪，這是可以理解的。……我，艾利森，一個退學生，竟然在美國最具聲望的學府裡這樣厚顏的散布異端？我來告訴你原因。因為，我，艾利森，這個行星上第二富有的人，是個退學生，而你不是。因為比爾．蓋茲，這個行星上最富有的人——就目前而言——是個退學生，而你不是。因為艾倫，這個行星上第三富有的人，也退了學，而你沒有。再來一點證據吧，因為戴爾，這個行星上第九富有的人——他的排位還在不斷上升，也是個退學生，而你不是。我猜想你們中間很多人，也許是絕大多數人，正在琢磨，能做什麼？我究竟有沒有前途？當然沒有。太晚了，你們已經吸收了太多東西，以為自己懂得太多。你們再也不是十九歲了。你們有了『內置』的帽子，哦，我指的可不是你們腦袋上的學位帽。……」

更令人吃驚的是，賴瑞竟接著說：「事實上，我是寄望於眼下還沒有畢業的同學。我要對他們說，離開這裡。收拾好你的東西，帶著你的點子，別再回來。退學吧，開始行動。我要告訴你，一頂帽子一套學位服必然要讓你淪落……」此

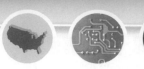

時現場的保全人員趕緊將賴瑞帶離講台。

賴瑞的這套「學歷有害論」確實太過於驚世駭俗，太過於偏激，然而也在某種程度提醒了我們，追求學問的同時，切忌只是為了學位唸書，誤以為擁有傲人的學歷就可以功成名就。

賴瑞說過的另外兩段話或許更能道出他心中的真正想法。

他說過：「大學的學位是有用的，我想每個人都應該去獲得一個或者更多，但是，我在大學卻沒有得到一個學位，我從來沒有上過一堂電子計算機課程，但我卻成了一名程式設計師。我會寫程式，都是從書本上自學得來的。」

他也說過：「我一直都懷疑那些所謂的『傳統智慧』，特別是那些人云亦云的權威。對我而言，事情的重點並不在於權威，而在於合理。這種思維方式在企業經營上特別有價值，原因是你將成為第一個有機會做不同事情的人，那麼，怎樣才能避免自己犯錯誤呢？簡單的說，就是勤奮加上思考，然後不斷的進行嘗試，並且與許多聰明的人在一起加以討論。」

此外，賴瑞所領導的甲骨文公司，喜歡聘請的人才往往就是從美國頂尖大學畢業的社會新鮮人。

這些說法與聘請人才的對象透露出賴瑞絕非反對追求知識，也不是真的揚棄學校教育的價值，他自己在大學輟學後，就曾一度邊工作邊準備攻讀研究所。賴瑞是認為獨立的思維更重要，若是只會死讀書、只為追求學位念書，不但無法增加自己的實力，對於人生也不會有多大的助益。若能不被既有的知識傳承系統所約束，就更能走出前人未曾想過的道路。

（二）創業之路——成立甲骨文公司

1.甲骨文公司成立

一九六六年賴瑞到加州工作，這段期間，他學習寫電腦程式，除了為ＩＢＭ開發大型電腦，也幫一些公司寫應用程式，但此時他做這些事情，基本上是為了賺錢餬口，並未打算以科技業作為事業目標，或許是因為當時他接觸的工作多半是做一些數據備份的工作，很單調無聊，欠缺挑戰性，無法滿足他對於成就感的追求。

賴瑞在決定創業之前，先後在十幾家公司待過，包括生產大型電腦、與IBM打對台的阿姆達爾公司，以及生產影音設備的Ampex公司。在頻繁的換工作過程裡，認識了影響他一生的兩個人——艾德華、鮑伯。

他們三個人一起研究資訊管理，尤其專注於如何快速的儲存龐大的各種數據，不過由於公司管理不善，並沒有獲得成功。此時，賴瑞有自己出來創業的想法。

一九七七年三人共同成立了「軟體開發實驗室」（其後先改名為「關聯式軟體公司」，後改名為「甲骨文公司」（Oracle，意思是「神諭、聖賢」）。賴瑞擁有百分之六十的股份。

賴瑞本身就是一個夢想家，對夥伴的選擇也極具眼光，他曾說：「賺錢並不是最主要的，我真正想做的事情是和自己所喜歡、所佩服的人一同工作。」成立甲骨文公司後，他的重要夥伴鮑伯，正是一個科技天才。

另外，在創業前一年，一篇由IBM公司研究人員發表的一篇文章帶給他很大的啟發，這篇文章的內容主要在介紹關係數據庫理論和查詢SQL。當時並沒有多少人重視這塊領域，有所涉略的人員又以研究理論為主，並沒有實際考量市場的需求，賴瑞卻能因此敏銳的意識到關係數據庫非常有商業價值，並立刻著手研究商用軟體的系統。

甲骨文公司一開始所研發的產品，總是不能達到理想的狀態，用戶經常反映使用上的諸多不便，甚至受到競爭對手的嘲笑，但是他還是堅持不能停下腳步，必須快速推出新產品。他認為產品的性能固然要不斷改善，以達到用戶的期望，但在市場上以最快的時間達到最大的占有率，比執著於推出完美的產品更重要，因為一旦被其他公司先打入市場，後來加入戰場的人，往往要付出更大的代價。甲骨文公司一直到成立九年之後，他們所推出的產品才稱得上是穩定好用的系統。

除了程式設計，賴瑞更是一個超級業務員，他獨特的推銷技巧，往往令人印象深刻。他特別偏好的是現場示範的推銷方式，例如在推銷關係查詢語言程式的時候，會在客戶面前舉各種例子、情況來示範使用的方法，增加客戶對產品的信心，以及感受到產品的便利性，這樣的推銷模式往往帶來極好的迴響。

2. 財政危機以及管理成熟化

當眾人抱著極羨慕的眼光，看著甲骨文公司成立的前十年，每一年的銷售額都保持高於百分之一百的銷售額成長時，一個巨大的危機也正在形成。

這個危機來自於甲骨文一開始並沒有嚴格的組織管理，以及遵循「不計代價求成長」的守則。

例如：在銷售方面，部分銷售人員為了業績[1]，大量簽訂了無法收款的合約，也就是說帳面上好看得不得了的銷售數字，實際上都是「好看」而已。例如：一九九九年的某一財政季度，甲骨文公司的銷售額達到二點三六億美元，但是其中高達一點五五億美元的合約都是無效的，公司的利潤實際上只增長百分之一。

又如：甲骨文公司為了凸顯自己在業界的龍頭地位，用盡各種方式把商品「賣」給經銷商或是直銷客戶，以拉高出貨量。實際上這些出貨，絕大部分都只是存在經銷商的倉庫裡，並非真的賣出去了。

再如：甲骨文公司做帳方式也很有問題，為了帳面上好看，總是選擇最快的時間點計算，只要資料庫軟體一售出，就立刻入帳，因此其做帳一直比實際的入帳提早一季，但是商品會有退貨的情形，以及購買者是否能準時付錢的問題，一但退貨的情形嚴重，或者客戶沒有按時間付款，那麼提早做的帳就失去它的準確度了，如果連續兩季都出現這樣的狀況，公司就會有崩盤的危機。

果然，隨著甲骨文公司財務危機的白熱化，投資人知道了，甲骨文的股票一跌再跌，賴瑞不得不正視過往的做法，以設法止血。

他聘請專業經理人大力整頓甲骨文公司，讓現金流量恢復為正值，也規定銷售人員與客戶簽訂的合約必須經過公司的認證，透過各種嚴明的規定，銷售額成長漸漸趨於緩慢，銷售成長額大約維持在百分之十二至十五之間，但因為務實的做法，確實穩固了甲骨文的財務基礎，公司的各項管理也趨於成熟化。

二、企業的成長之路

（一）資訊技術全球化，以取得龐大的規模經濟

甲骨文公司發展的壯大，與賴瑞對推行以及轉型為電子化企業的重視有極大的關連。

「電子化企業」指的是：利用全球網路（也就是網際網路）和全球資料庫整合商業的各個環節，讓包括行銷、銷售、供應鏈、產製、客服、帳務、人力資源在內的一切業務功能，都使用相同的全球網路和相同的全球資料庫。

電子化企業是在統一的電腦系統下運作，每個人都連接這套系統，所有的資訊也都集中在同一個地方。[2]如此一來，便能大量節省紙上作業、交通往來等金錢物力以及時間的付出，也可大量節省人事成本，並發展規模經濟。

從一九九五年起，甲骨文就開始研發網路系統，以便於將應用產品送上網路，但是當應用程式正式運作後，賴瑞和他的團隊發現，原來希望能藉由電子

化，來讓企業體發揮最大的工作效率，這個理想並沒有實現，生產力沒有明顯的提升。

在再更進一步思考與深度檢討之後，他們終於發現問題的癥結是——雖然應用程式都上網，每個人也都可以連上線，照理說可以透過網路去搜尋自己需要的資料，但是因為甲骨文公司的各個組織都有自己的電腦系統，每套系統有自己的資料庫，而在全世界又有好幾百個資料庫，造成資料過於零散，以致於工作人員無法在短時間內搜尋到需要的資料。

發現問題的根本之後，賴瑞和他的團隊為了達到原先資訊分享、提高生產效率的目的，動用了好幾萬名的電腦工程師，鍥而不捨的研究，終於推出了Oracle E-Business Suit應用軟體，此軟體可以讓所有的資訊放在同一個地方，也就是為企業體製作單一的全球資料庫，這樣企業內部的人員需要任何資料（包含行銷、銷售、供應鏈、客服、帳務等等）時，都可以很快從資料庫中尋得所需的資料。這套程式能以三十種主要語言在各個國家運作，是一套完整的商業應用程式。

（二）挑選員工、培訓員工以及激勵員工的學習精神

人才是企業發展的核心，尤其是高科技日新月異，企業的成員若無法經常更新、儲備知識，提升競爭力，很快就會被淘汰。而一旦淘汰人員的速度超過人才養成、網羅的速度，企業本身就會受到嚴重的衝擊，並付出高昂的代價，甚至可能就此退出市場。

賴瑞也深知甲骨文公司要擁有競爭的優勢，首要的核心在於人才，因此他總是重金聘請人才，並提供良好的工作環境，以及各種進修管道與資源給員工，讓員工能不斷提升自我的素質、精益求精。

1. 挑選員工、培訓員工

多數的企業喜歡任用有經驗的人，但甲骨文公司重視一個人的潛力，通常當社會新鮮人具備「聰明、堅持、幽默感、擅長溝通的能力」這四大特質，他們就願意以極好的待遇任用，並花時間來栽培新人。

甲骨文公司在挑選合適的人選時，並不以專業背景與技術能力作為最重要

的考量。主修工程、生物、化學、數學的畢業生，同樣有機會進入甲骨文公司服務。對甲骨文公司來說，具備不同觀點的人才比那些具有相關養成背景的人更有價值。

甲骨文公司面試新人是非常有效率的，他們不會進行長篇大論的談話、花費太長的時間進行面試，通常只要能確認這個人夠聰明、具有潛力，就會豪不猶豫、快速開出優渥的條件，讓面試者答應到甲骨文公司工作。

甲骨文公司為了得到聰明的人才，每年暑假都會積極延攬一些從史丹佛大學、麻省理工學院、哈佛大學、柏克萊大學、加州理工學院等名校裡以優異成績畢業的學生。

甲骨文公司對於招收進來的新人，先進行就業訓練。開始訓練的第一個星期，新人們必須在訓練的場所從早上待到下午四點鐘，晚上還要做作業和寫報告。透過為期三週的訓練，新人們不但了解甲骨文公司的工作文化、基本的技術，學習到開放的心胸，見識甲骨文所重視的創意，彼此之間往往也會因而建立起很好的友誼關係，對於日後工作團隊的氛圍有極大的幫助。

2. 激勵員工的學習精神

甲骨文公司鼓勵員工自助學習，透過網際網路充實自己的知識，並運用到工作難題的解決之上。也鼓勵員工透過團體共享，提供自己的經驗、分享閱讀的書籍，或是彼此腦力激盪、進行深度討論，以達到共同成長的目的。

此外，甲骨文公司有一套 "I Learing" 的「學習管理系統」，這套系統提供高效、易於管理、集成和全面的學習解決方案，甲骨文公司幾萬名的員工和數十萬名的事業夥伴，都能隨時使用這樣的系統自我成長，完全不受時間地點的限制。

人們大部分的時間都看向別人，對於自身的理解也都難免都會有盲點，為了去除這些盲點，激發個人的潛能，甲骨文公司還推行「三百六十度瞭望」的活動。

「三百六十度瞭望」的活動，設計了一百多個問題讓員工自我評估，並由員工邀請同事、上司、部屬、親朋好友等人對自己做出評價。藉由這樣的自我評估，以及他人的看法，可以發現自我認知以及他人觀感之間的差距，有助於自我改善與自我超越。

甲骨文公司成功營造出重視自我成長及學習的氛圍，員工們都深深明白「誰忽略學習，誰就會被淘汰，一定要跟隨公司共同成長」的重要性。

三、家庭與人生觀

賴瑞．艾利森結過三次婚，育有兩名子女。

在許多的人眼中，行事隨性、語不驚人死不休的賴瑞．艾利森，宛如一匹不折不扣的脫韁野馬，他在矽谷有「壞孩子」的封號。不過儘管別人是如此看待他，他卻一點也不見怪，對於自己的「與眾不同」，反而一直帶著沾沾自喜的自豪。他將個人的傳記取名為——《上帝與艾利森的不同：上帝不會認為自己是艾利森」》（The Difference Between God and Larry Ellison：God Doesn't Think He's Larry Ellison），即使是書名，他也絲毫不馬虎的展現出狂放不羈的風格。

擁有可觀的財富，賴瑞有一句名言：「如果你不打算把錢當作一切，那麼就花得有品味一點。」他的花錢哲學著眼於「品味」。

他酷愛冒險，並有花花公子和體育迷的外號。他最為人熟知的嗜好是賽艇、飆車、開戰鬥機。他擁有的私人飛機和遊艇可以組成機隊及船隊。他曾經獲得過一次世界帆船賽冠軍，在美國還有駕駛一架義大利戰鬥機的執照。

他對嗜好的投入與瘋狂程度，也是常人所難以理解的範圍，除了曾經自己架駛戰鬥飛機，在太平洋上空和友人進行模擬空戰之外，近年他還和瑞士製藥界的億萬富翁厄恩斯托．貝爾塔雷利（Ernesto Bertarelli），為了第三十三屆美洲杯❸的比賽規則的制定權，不惜支付龐大的律師費用，展開國際訴訟。

賴瑞非常喜歡日本文化，特別醉心於日本的武士道。此外，他邀請一名禪師替他設計日本式的別墅，這幢別墅的造價花了四千萬美元，在建築設計上特意不使用任何釘子，全部用木栓接合。他非常滿意這棟豪宅，認為這棟豪宅代表了空氣、土地、時間、水和木所形成的「物質平衡」，還自誇的對人們說：「這是日本本土之外，最道地的日式房屋。」

四、其他

1.甲骨文公司研發產品的信條是：「P、C、C」。即Portability（可移接性），指資料庫的設計要能在所有的硬體平台上運作；Compatibility（相容性），指採用業界標準；Comectability（可連接性），指資料庫的設計要傳播到整個網路裡。

❶甲骨文公司對於員工的賞罰非常分明，有些表現良好的員工甚至可以獲得遠遠超過一年所得獎賞的股票，表現不好的員工則無法得到任何的獎金或加薪。

❷請詳見馬克．貝瑞尼契著、戴至忠譯：《甲骨文革命——主宰未來電子商業ORACLE的模式》，台北：美商麥格羅．希爾國際股份有限公司台灣分公司，二〇〇一年八月，頁四。

❸美洲杯（America's Cup）是全球最負盛名的帆船賽，也是參賽成本最昂貴的比賽。造一艘超快速遊艇以及雇一名船長和船員所需的成本就能夠突破一億美元大關。

10 沃爾瑪傳奇的繼承者——羅伯森・沃爾頓

Robson Walton

子承父業
（二）山姆．沃爾頓的沃爾瑪傳奇
羅伯森．沃爾頓（Robson Walton
是美國零售業鉅子山姆．沃爾頓（Sam
Walton，一九一八年三月二十九日
一九九二年四月六日，因骨癌辭世）的長
子。
山姆．沃爾頓是美國零售業龍頭沃爾瑪公司的創辦人，他出生於美國阿肯
色州的一個小鎮上的農家，家境不富裕但也不貧窮，父母都是儉樸而努力工作的
人。他七、八歲時就去打工，幫家裡賺些錢，從小體認賺錢的辛苦，以及努力
成果，更明白到子女不應只是接受家人的照顧，同時也應該貢獻
計。
山姆從密蘇里大學經濟學學系畢業前一年（
售業，他認識一位從事連鎖百貨的經營者
人常聊經

羅伯森·沃爾頓
生日 1945年
出生地 美國
事業基地 美國
現任 沃爾瑪公司(Wal-Mart)董事長

事業

沃爾頓家族的沃爾瑪公司（Wal-Mart，又譯作威名百貨）在美洲、歐洲、亞洲等區域的十四個國家經營超過六千八百家購物廣場、商店、社區店或會員商店，是世界上僱員最多的企業，約有一百九十五萬名僱員。沃爾頓家族決定著美國一百多萬個就業機會，家族的決策還左右著投資人在股票市場和養老基金市場中數千億美元的投資組合。

二〇〇八年四月份美國《財星雜誌》發布的美國五百大企業，零售業龍頭「沃爾瑪百貨」勇奪年度總收入排行榜冠軍，總收入高達三千七百八十八億美元，約十一兆四千多億元新台幣。

重要榮譽

☆《*Fortune*》稱沃爾瑪為全球最大、全美最受讚譽的企業。

☆《亞洲企業》評選沃爾瑪為亞洲十大美商之一。

☆沃爾頓家族是美國最富有的家族，在二〇〇四年《富比士》億萬富翁排行榜上，山姆．沃爾頓的遺孀海倫及其四個子女都排在前十名。

財富金榜

☆據二〇〇八年《富比士》雜誌的統計，羅伯森．沃爾頓個人的資產淨值為一百九十二億美元，排名世界第二十六名。

名言

．我從父親身上學到了變化與試驗是經常的，也是重要的，你必須不斷地嘗試新事物。

一、子承父業

（一）山姆．沃爾頓的沃爾瑪傳奇

羅伯森．沃爾頓（Robson Walton）是美國零售業鉅子山姆．沃爾頓（Sam Walton，一九一八年三月二十九日至一九九二年四月六日，因骨癌辭世）的長子。

山姆．沃爾頓是美國零售業龍頭沃爾瑪公司的創辦人，他出生於美國阿肯色州的一個小鎮上的農家，家境不富裕但也不貧窮，父母都是儉樸而努力工作的人。他七、八歲時就去打工，幫家裡賺些錢，從小體認賺錢的辛苦，以及努力的成果，更明白到子女不應只是接受家人的照顧，同時也應該貢獻心力，幫忙家計。

山姆從密蘇里大學經濟學學系畢業前一年（一九三九年），第一次接觸到零售業，他認識一位從事連鎖百貨的經營者——修．馬丁。修和山姆很談得來，兩人常聊經營百貨商店的話題，如：如何買賣、讓生意越來越好的訣竅。不過，當時在山姆的個人職業藍圖裡，並沒有從事零售業的打算，他的計畫是在完成學業後從事保險推銷員的工作。

他原本打算在大學畢業後繼續深造，但是後來因為沒有足夠的學費，只好直接進入就業市場——當時百貨零售業的龍頭賓尼百貨在愛荷華州的分店服務。這是他從事零售業的開端，一直到過世為止，除了曾經有段短暫的時間受徵召到軍中擔任陸軍軍官之外，將一輩子的寶貴時間都奉獻給了零售業，且以高昂的熱情，讓零售業界出現了為世人所熟知且崇拜的沃爾瑪傳奇。

他在賓尼百貨工作期間，總是利用中午休息時間跑到附近的另兩家大百貨公司逛逛，觀察別家百貨公司的長處，然後學習起來，這樣工作了一年半的時間後，因為要準備入伍而辭去工作。

因緣際會下，辭去工作沒多久之後，山姆認識了他一生中家庭與事業上最佳的伴侶海倫。海倫在沃爾瑪的發跡史上占有舉足輕重的地位。山姆和海倫婚後，生下三男：羅伯森、約翰❶、吉姆；一女：愛麗絲。

退伍前就將零售業視為畢生志業的山姆從軍中退伍後，就全心投入零售業，這回他找了好友一同出資加盟連鎖的「廉價商店」——巴特勒兄弟公司所擁有的班．富蘭克林雜貨加盟店。

不過，海倫對於山姆找合夥人的計畫有不同的意見，她認為合夥的風險太高，過去她的家族因為與人合夥吃過好幾次虧。於是山姆聽從了海倫的建議，向岳父借錢，獨自租下一家位於阿肯色州新港的店面。當地人口大約七千人左右，這個店面的選擇也來自於海倫的建議。這是由於她不想要居住在大城市裡，希望丈夫選擇開店的位址能以人口在萬人左右的小鎮為對象，這個的建議大大影響了沃爾瑪的發展。日後沃爾瑪正因為這個經驗而善於運用「小鎮策略」，並由此成為美國最大的零售業新龍頭。

加盟班．富蘭克林雜貨後，山姆才發現這家店面原來的店主經營不善，賠了很多錢，急於出租這個店面，租金遠比其他雜貨店面的租金貴許多，且對街還有勁敵——斯特林商店，它的年營業額是山姆這家店的整整兩倍。由於初出茅廬，山姆對這個行業不夠了解，接到了這樣燙手的山芋，當時才二十七歲的他仍舊信心滿滿，或許這就是所謂的「初生之犢不畏虎」。

接著，山姆接受了巴特勒兄弟公司為期兩週的加盟訓練，他在這個訓練課程裡得到許多經營店面的知識。

巴特勒兄弟公司要求加盟者必須遵照他們所提供的經營手冊營運。一開始山姆由於缺乏經驗，總是照著手冊上的規定——賣什麼商品、定價多少、訂購商品的管道等等都有規定。這些規定對善於變化與喜歡思考的山姆來說，並沒有多少約束力。沒多久之後，他就開始按自己的意思做各種嘗試，包括進貨的管道，他總能突破重圍，找到更便宜又不畏懼巴特勒兄弟公司的廠商，以更便宜的價格取得貨源，以及精心設計各式各樣的促銷策略。

除了受訓的課程，山姆還從對手的身上學習到更多實用而寶貴的經驗，例如他常常跑到斯特林商店，觀察商品標價以及陳列方式，並思考自己怎樣做可以更好。

在他的靈活經營下，這家加盟店從業績最差變成第一名，只花兩年半的時間，他就還清向岳父借來兩萬美元的資金，真正完全擁有自己的事業。對於自己的成就，後來他歸因於自己具有屢思突破的性格與執行力，這樣的精神也成了沃爾瑪重要的企業資產。

隨後他又租下新港另一家店面，擴大了事業的規模，並經營得有聲有色，然而也惹來房東的嫉妒，於是在五年約滿之後就不再把店面租給他。這對他來說無疑是沉重的打擊，但因為當初簽訂合約時並沒有注意到續約的相關問題，所以他也沒有選擇的餘地，只能將加盟權和貨架、商品都頂讓出去。

這次的經驗讓山姆從此對於合約的內容再也不敢掉以輕心，此外，更現實的問題是，他必須另外尋找新事業的地點，妻子海倫希望能定居在這個城鎮的願望也跟著破滅，他們帶著孩子舉家遷移到阿肯色州西北部克拉摩爾，冀望能夠東山再起。

他在阿肯色州的班頓威爾開設新店，並依舊持著高昂的熱忱經營著零售事業，總是與工作的同事討論如何做得更好，時時觀察競爭對手的策略，並十分重視顧客的感受。其熱情與活力使他散發出一種獨特魅力，感染了整個工作環境，與他工作的人總是特別的開心，在良性的循環之下，公司的營業額有明顯而快速的成長。

事業越做越大，他不得不找更多的幫手，於是徵求了弟弟巴德的意願，希望弟弟能夠幫忙。巴德加入了他的創業之路後，兩兄弟不斷的尋求新的合夥人，他們喜歡親自挑選新的合作夥伴，讓所有加盟店的經理都擁有一定的股份以及權力，並給予充分的信任，因此許許多多優秀的商業人才都樂於和他們合作。

他們用來開設分店的錢往往來自於前一家商店所賺取的利潤，以這種模式陸續建立的店面越來越多，到了一九六〇年代，他們成了班・富蘭克林最大的特許經營商店。

兩兄弟並沒有就此感到滿足，因為這些店家的規模和銷售量都很有限，他們希望能夠突破所有的限制，讓戰鬥力達到最高。於是山姆評估了自己所有的財力，並重新對市場進行全盤的檢視與研究後，他認為開設規模較大的廉價折扣商店的時機成熟了——沃爾瑪商店就此成立了。

從一九六二年起的第一家沃爾瑪商店成立起，以低價吸引顧客、薄利多銷的策略被徹底的落實。他們時時留心競爭對手的策略，除了虛心學習，也不斷推陳出新。

在山姆的重要夥伴唐·索德奎斯看來，沃爾瑪公司之所以如此成功，並保持企業的活力，實際上來自於創辦人山姆簡單而動人的願景。山姆的願景是：「為顧客提供良好的購物經驗，改善他們的生活水準，在愉快的購物環境中，得到低廉而有品質的商品。」

在這個願景下，推出各式各樣符合各種消費者的商店經營型態，例如：會員商店、超級中心（即大型複合商店）、國際部門（成立全球採購團隊，在世界各地尋求商品，跟世界各地的人們分享成果）、鄰里市場（即小型商店）等等。❷山姆除了擁有高度的熱情，在企業經營上也在在顯示出他獨特的創意，以及思想的高度，使得沃爾瑪一路走來始終出色。其成功的法則甚至成了所有想要成功的零售業者不可不奉行的基本信條，例如：

一、忠於事業。二、與同仁共同分享利益，像夥伴一樣對待他們。三、激勵同仁。四、凡事與同仁溝通。五、感激同仁對公司的一切貢獻。六、成功要大力慶祝，失敗亦保持樂觀。七、聽取同仁的意見。八、超出顧客的期望。九、比對手更節約成本。十、逆流而上，不墨守成規。十一、好好對待員工和顧客，不自滿怠忽，就能夠欣欣向榮。十二、成本永遠低於其他同行。十三、無論接到顧客的任何要求，都必須在當天日落之前回覆。四、對自己身邊三公尺範圍內的顧客，都必須看著顧客的眼睛打招呼，詢問對方是否需要幫忙。……

山姆在七十二歲的時候，知道自己因為骨癌末期，來日無多，於是趕緊著手寫自傳，日子不知不覺過了兩年。在離世前三週，他獲得當時美國總統布希所頒發的自由獎章，這個獎章是美國平民的最高榮譽。總統對山姆的褒揚詞裡提到：「山姆・沃爾頓，道地的美國人，具體展現創業精神，是美國夢想的縮影。他關懷員工，奉獻社會，特立獨行，是他生平的最大特色。他提供拉丁美洲獎學金，使人們更加互相接近，並與他人分想美國的觀念。他是顧家男人、企業的領導者，也是民主制度的政治家。他的生平和他的事業一樣成功。山姆・沃爾頓具有誠實、滿懷希望與努力工作的美德。」

山姆感到萬分的驚喜與榮耀，親手接過獎章後，他對現場超過兩百位的嘉賓（當中包括了沃爾瑪公司的同事）說的感言是：「這是我們整個事業最光耀的一天。」

（二）確定專業經理人管理模式

山姆．沃爾頓的長子——羅伯森．沃爾頓，他和他的手足從小就在店裡頭工作，平常放學之後要到店裡做清潔的工作、整理貨物，他回憶起童年時說過：「我在爸爸的店鋪裡幹活，搬搬箱子、掃地、鋪瓷磚什麼的。」暑假時，他們要幫忙的事情就更多了。山姆給他們的零用錢很少，且會幫他們把這些零用錢投資在自家開的店裡，羅伯森長大後也認為父親這麼做遠比直接給他們很多零用錢來得好，因為這些日積月累的小額投資，後來都成長了相當多倍。

愛麗絲曾說：「身為山姆的子女，我們多少曾以不同方式為公司工作過。在五歲的時候，就必須幫忙看糖果攤或爆米花攤，工作是生活的一部分，也是餐桌上主要的話題。我們聽過很多舉債開店的事情，我實在很擔心。我記得有一次曾向密友透漏，應該說是哭訴，我不知該如何是好，父親已經債台高築了，卻總是想擴張新店。」

山姆過世後，龐大的企業需要新的經營領導者，身為長子的羅伯森出任董事長，負責監督經營團隊，但是具體的經營方向、日常業務或經營策略則絕大部分交由專業經理人格拉斯和索德奎斯管理。

除了羅伯森，山姆的家人幾乎不出任公司的高級管理幹部，然而這並不表示沃爾頓家族對於沃爾瑪公司興趣缺缺，而是用其他方式、一定程度的關心與支持公司的運作。例如：沃爾頓家族的成員經常出現在公司，以了解公司的發展，除了羅伯森，董事會裡永遠會有另一名山姆的子女，另兩名在董事會之外的子女也有權利隨時參與董事會議，但不會參與主管會議。

此外，沃爾頓家族每年召開的三次家庭會議中，其中一次為期兩到三天的家族會議，會嚴謹的針對沃爾瑪公司的經營情形加以討論，山姆的孫子女也都會參加，即使是僅有十多歲的小孩也不例外，因為這種家族會議有深遠的用意，目的是希望沃爾頓家族的每一份子都能對沃爾瑪公司保持深入的了解及關心，對沃爾瑪公司負起身為老闆的責任。

這個家族會議的重要內容是——邀請公司的主管來報告公司營運的各種相關

計畫，這樣可以保障股東的利益，當然，沃爾頓家族身為最大的股東，自然會格外重視這樣的會議。

通過這樣的家族會議，家族裡年幼的成員能自然而然培養出對家族企業的感情以及責任感。羅伯森便說過：「這是為了奠定基礎，讓這些孩子可以成為負責而又富有建設性的沃爾瑪百貨股東。」

沃爾瑪公司專業經理人格拉斯曾讚美沃爾頓家族對於沃爾瑪公司的態度：「沃爾頓家族完全可以將公司的股份折現，但是他們非常有遠見。羅伯森曾不只一次說過：『不，不要這樣做，我們應該謹慎一點。』他們反對增加分紅，認為應該把錢用到企業發展上。這可不是處於這種情形的每個家族企業都能有的觀念。」

在專業經理人方面，兩位握有最大權力的領導者格拉斯和索德奎斯，他們雖然不具備像創辦人山姆所有的各項優點，但兩人擁有極佳的默契，透過合作無間的決策模式以及各種領導技巧，讓沃爾瑪的運作與盈利絲毫不遜於山姆時代。

此外，由於格拉斯在創辦人山姆的身旁工作很長一段時間，因此對於山姆的創業理念，以及經營手腕都有非常深刻的認識，雖然缺乏山姆那樣的個人魅力，但做為一個專業經理人，他的組織技巧、對日常事務的處理能力都無懈可擊，是非常頂尖的管理人才，他建造大型購物廣場、引進高科技以增加效率、加速國際化的策略，沃爾瑪公司正是在他的帶領之下，有了飛速的成長。

二、企業的成長之路

羅伯森·沃爾頓繼承沃爾瑪公司的決策權之初，並不被外界所看好，一般人認為在他的領導下，沃爾瑪公司能夠維持當前的盛況就很好了。

不過，虎父無犬子，且跟在父親身邊工作數十年的羅伯森，見識非同一般，自一九七八年起全心投入沃爾瑪公司之後，擔任過秘書、首席法律顧問、董事以及資深副總裁等職務，這些歷練讓他累積了無數的寶貴經驗，由他來繼任董事長的職位，是當之無愧。

自一九九二年羅伯森繼任董事長的職位之後，除了堅持山姆既定的經營理念，他還很注重運用資訊技術發展沃爾瑪公司，為企業的發展注入了新的可能

性。

一九九四年美國《財富》雜志公布的全美服務行業分類排行榜，沃爾瑪公司於一九九三年的銷售額高達六百七十三點四億美元，比前一年增長一百一十八多億美元，雄踞全美零售業榜首。

一九九五年之後沃爾瑪公司的銷售額持續增長，並創造了零售業的一項世界紀錄，實現年銷售額九百三十六億美元的理想，其年度銷售額相當於全美所有百貨公司的總和，而且至今仍保持著強勁的氣勢。

羅伯森在性格上與父親山姆有很明顯的不同，例如山姆喜歡和員工們打成一片，羅伯森則選擇保持適當的距離，也不像父親一樣在意細節。

伴隨著企業的日益龐大，除了管理與經營上的問題會更加的複雜化，還有所謂的「樹大招風」，競爭對手的挑戰、各種質疑的聲浪也會接踵而來，唯有時時保持高度的警戒與清楚的思路，才能在狂風暴雨來襲時屹立不搖。

羅伯森同樣尊重專業經理人，雖然他本身不負責具體的業務，但卻能完全掌握沃爾瑪公司經營的狀況，並充分讓沃爾瑪的文化能夠繼續發揚光大。羅伯森說起他的父親山姆時說：「家父關心的不只是數字。他也關心員工，以及整個公司代表的意義。」山姆建立的企業精神深植在沃爾頓家族之中，羅伯森及他的家族都深信在二十一世紀，山姆的企業智慧仍然與商店的經營息息相關。

（一）企業文化的深耕

山姆在沃爾瑪公司留下的遺產，不只是物質上雄厚的財力，他的企業智慧與經驗是所有零售業者樂於學習的對象，對於沃爾瑪本身而言更是珍貴，因此這些精神遺產的傳承從來沒有中斷過。許多由山姆建立起的企業文化，例如：用呼口號建立高昂的團隊精神、尊重個人、服務顧客、追求卓越等，這些信念的建立與深化，都是山姆和他的團隊無數心血的付出，然後才化為每一代沃爾瑪人保持活力的源頭。

除以上所提，山姆對沃爾瑪公司企業文化的深耕，還有一個項目是非常重要的，那就是執行力。

任何企業組織，不管有多麼正確的發展策略，如果缺乏執行力，那麼一切都只是紙上談兵，沃爾瑪公司之所以能夠成功地從商品、行銷、定價、技術、後勤支援、服務以及內部組織的向心力等各個面向全面出擊，從而使沃爾瑪的發展越來越壯大，正在於高度的執行力。

沃爾瑪是如何讓執行力的實踐深植於每一個員工的心中呢？山姆的重要夥伴唐·索德奎斯認為是沃爾瑪的管理階層始終注重細節，他們不只是閱讀各自下屬人員的報告書，也時常走出辦公室，與在第一線工作的同事共同工作，也找機會和顧客們聊天，以了解顧客的需求，進而落實讓顧客滿意的最高服務守則。

（二）善用優勢，迅速全球化

山姆去世後，沃爾瑪公司仍維持零售業龍頭的不墜地位，不過因為市場的競爭白熱化，沃爾瑪的銷售成長率降了百分之十，首席執行官格拉斯和他的團隊為了克服銷售額日益消減的危機，決定開闢新的戰場，他們加速了讓沃爾瑪國際化的過程。

沃爾瑪為了快速進入國際市場，一開始就不惜重金，斥資兩百億美元在世界各地開設新店，包括南美洲的巴西、阿根廷。一九九二年起，沃爾瑪進入亞洲市場，如：日本、新加坡、馬來西亞、印尼、泰國、中國、韓國等國家，都有沃爾瑪商店。一九八九年起，沃爾瑪又成功打入歐洲市場。

沃爾瑪有計畫的在全球拓展商業地盤，建立起超過六千八百家的連鎖店，使年營業額高達數千億美元，研究者認為沃爾瑪之所以能夠如此徹底而快速融入全球各地不同政經背景、民情迥異的市場，除了奉行「員工本土化」、「採購本土化」、「經營方式本土化」，也來自於六大重點決策，如下：

其一：選擇商品。沃爾瑪明確的選擇一個或少量的產品系列做為全球化的先鋒部隊。

其二：選擇市場。透過認真分析，挑選合適進入的市場。

其三：選擇打入市場的方式。選定目標市場後，確定出口產品與當地產品的比例。

其四：移植企業文化與經驗。把企業的經營模式帶入目標市場。

其五：了解當地市場。對當地客戶、競爭對手和所在國政府的要求與行動進行預估，並做出相應的調整與反應。

其六：全球化拓展的速度。主要是評估企業的管理能力是否滿足企業的全球化拓展。

沃爾瑪公司在展開國際化的過程中認真執行這六個方向的課題，因此能夠有條不紊的展開全球化行動，並取得極佳的成果。[3]

（三）重視溝通與培訓

沃爾瑪公司在美洲、歐洲、亞洲的十四個國家裡約有一百九十五萬名僱員，是世界上僱員最多的企業，人力資源的管理與企業文化如何落實成了沃爾瑪企業經營的首要課題。

沃爾瑪公司的創辦人山姆本身就是個人力資源的管理高手，他所物色的人才，不但是他在世時的得力助手，在他離世後，這些不可多得的人才仍然是沃爾瑪公司的重要支柱，扮演著創新與傳承的關鍵角色。

山姆重視人才、主張良好的溝通、充分授權、採取各種獎勵制度激勵員工等管理原則，是沃爾瑪用人制度的基本原則。

例如：大部分零售業公司的經理，通常只負責將商品上架，實際上的業務與一般的僱員沒有太大的差異。但是，沃爾瑪採取「店中店」理論，充分授權給各個分店的經理，讓他們能像是經營自己擁有的商店一樣，除了公司的決策需要落實之外，可視各家在地的情況使用不同的經營模式，但前提是不能違背《沃爾瑪同仁手冊》裡的原則。

這些分店的經理，可以知道自己負責的商店在全公司的排名狀況，並要充分了解自己的業務，包括商品採購的成本、運費、利潤和銷售額的細節，以利於進一步隨時調整商店的經營方式。

沃爾瑪為了降低員工的流動率，以及凝聚工作團隊的向心力，非常注重員工與主管之間的關係，不管是上對下，還是下對上，都開放很好的溝通管道，即使是基層員工也能夠直接將心中的意見傳達給上級知道。

另一方面，沃爾瑪有豐富的員工教育訓練資源，例如設立沃爾瑪學院、沃爾頓零售學校、山姆營運學院等。那些沒有受過高等教育的經理們，都可以先到學院裡去進修，充實工作的技能。沃爾瑪公司培訓員工的方式非常多元化，不只是針對各級人員設有專門的培訓課程，如專門培養高階管理人員的訓練班，又如專為提升分店經理業務能力的培訓班，也有跨級培訓、跨部門培訓的課程。

三、家庭與人生觀

羅伯森的家庭生活非常低調，據報導他曾於在一九七八年離婚又再婚，育有三名子女。

羅伯森的身高大約一百八十三公分左右，擁有頎長的身材，說起話來條理分明、用字簡潔謹慎。一九六六年從阿肯色商業管理學院畢業後，因為他所崇拜的外祖父是一名律師，所以他又到哥倫比亞大學法學院攻讀了碩士學位。畢業後展開數十年的律師執業經驗，除了曾擔任一些公司的律師，其職業生涯幾乎都奉獻給沃爾瑪公司。

他在父親山姆身上學到很多寶貴的經驗：「我從父親身上學到了變化與試驗是經常的，也是重要的，你必須不斷地嘗試新事物。」他繼承了勇於嘗試的精神，例如二十世紀八〇年代中山姆把沃爾瑪公司的版圖擴展到美國之外地界的決定正是由他促成。

他平日愛好運動，據說讀高中時，曾加入橄欖球隊，成為正式球員。此外，他喜歡開飛機，也擅長打獵，還是個業餘的自行車賽車選手。

❶二〇〇五年六月二十七日，約翰因為小飛機空難死亡，得年五十八歲，他生前熱中提倡教育改革。

❷請詳見唐・索德奎斯著、李振昌譯：《The Wal-Mart Way——全球最大零售企業成功十二法則》，台北：智庫股份有限公司，二〇〇六年三月。頁三九—四九。

❸以上對於六大決策之分析，詳見於陳偉著：《沃爾瑪零售奇蹟》，台北：海洋文化事業有限公司，二〇〇六年六月，頁一三一—一三二。

主要參考文獻

書籍

1.《沃倫．巴菲特傳：華爾街股神的財富金榜》，王彥著，長春市：吉林科學技術出版社，二〇〇八年

2.《世界投資大師經典選股策略》，趙文明著，北京：地震出版社，二〇〇七年

3.《巴菲特午餐會》，章浩宇著，臺北市：宇河文化出版，二〇〇六年

4.《巴菲特的投資聖經：掌握致富先機的41法則》，鹿荷著，臺北縣：采竹文化，二〇〇三年

5.《世紀股神：巴菲特》，方守基著，臺北市：智富館，二〇〇二年

6.《墨西哥首富：卡洛斯．斯利姆．赫魯》，古一軍編著，臺北縣：緋色文化，二〇〇七年

7.《微軟帝國的管理》，謝德高著，臺北市：海鴿文化，二〇〇五年
8.《全球財富創造大師比爾．蓋茲：微軟總裁經營成功十大祕訣》，戴斯．狄洛夫著、宋偉航譯，臺北市：智庫，二〇〇〇年
9.《電腦小霸王：微軟成功之路》，保羅．安德、史蒂芬．梅著、李璞良譯，台北市：絲路，一九九三年
10.《印度鋼鐵大王：拉克斯米．米塔爾》，劉祥亞編著，臺北縣：緋色文化，二〇〇七年
11.《IKEA的小氣大財神：英格瓦．坎普拉》，劉祥亞編著，臺北縣：緋色文化，二〇〇七年
12.《IKEA王朝：世界首富．坎普拉》，郭愚著，臺北市：海洋文化，二〇〇四年
13.《做人、做事、做生意》，王祥瑞編著，西安市：西北大學出版社，二〇〇七年
14.《華人首富：十九位華人首富的創業故事》，藍獅子財經創意中心著，臺北

市：華文網，二〇〇七年
15.《李嘉誠商戰勝經》，劉傲著，中和市：百善書房，一九九六年
16.《李嘉誠vs.李兆基》，張蕾著，新店市：動靜國際，一九九四年
17.《香港富豪列傳》，何文翔著，香港：明報，一九九二年
18.《美國賭王：謝爾登．阿德爾森》，劉祥亞編著，臺北縣：緋色文化，二〇〇七年
19.《LV時尚王國：全球第一名牌的購併與行銷之祕》，長澤伸也著、鄭雅雲、劉錦秀著，臺北市：商周出版，二〇〇四年
20.《甲骨文優勢策略》，斯圖亞特．瑞德著、郭和傑譯，臺北縣：中國生產力中心，二〇〇一年
21.《甲骨文革命：主宰未來電子商業的ORACLE模式》，馬克．貝瑞尼契著、戴至中譯，臺北市：麥格羅．希爾，二〇〇一年
22.《The wal-mart way：全球最大零售企業成功十二法則》，唐．索德奎斯著、李振昌譯，臺北市：智庫，二〇〇六年

23.《沃爾瑪零售奇蹟》，陳偉著，臺北市：海洋文化，二〇〇六年
24.《沃爾瑪王朝：全球第一大企業成長傳奇》，勞勃・史雷特著、黃秀媛譯，台北市：天下遠見，二〇〇四年
25.《縱橫美國：山姆・威頓傳》，山姆・威頓著、李振昌、吳鄭重合譯，臺北市：智庫，一九九三年
26.《世界十大富豪創業史》，丁玎編著，北京：中國市場出版社，二〇〇六年
27.《全球10大最具經濟影響力人物》，潘昀松著，臺北市：維德文化，二〇〇五年
28.《世界一百位首富人物發跡史》，張劍主編，北京：中國市場出版社，二〇〇五年

報章媒體

1.〈巴菲特股東會上唱衰自家公司，稱10%報酬率時代過了〉，東森今日新聞，二〇〇八年五月五日
2.〈巴菲特真了得，波克夏年投資報酬率達21.5%，股東有信心〉，東森今日新聞，二〇〇八年五月五日
3.〈聰明勞工，善用政府資源節流〉，《理財週刊》（高永謀撰），二〇〇八年四月三十日
4.〈學習巴菲特六大投資心法〉，《天下雜誌》（黃亦筠撰），二〇〇七年八月，第三七八期
5.〈巴菲特的一次演講〉，譯言網（易曉斕譯），二〇〇七年六月十四日
6.〈成功致富的習慣是什麼？從巴菲特的巨額慈善捐款談起〉，嘉鼎資本管理集團（magni發表），二〇〇六年七月七日
7.〈實踐亡妻願，巴菲特積極行善〉，自由電子報，二〇〇六年六月二十七日

8.〈他比蓋茨還要富有——墨西哥電信巨頭埃盧的故事〉，《IT時代週刊》，二〇〇七年，第十五期
9.〈哈工大博士生趙世奇：我在比爾．蓋茨家做客〉，《生活報》，二〇〇七年七月四日
10.〈比爾．蓋茲的天才、愛子情和他的信仰〉，《自由言論》（湯本撰）
11.〈印度鋼鐵大王四度蟬聯英國首富〉，《資訊時報》，二〇〇八年四月二十七日
12.〈併購傳奇，鋼鐵大王全球第一〉，自由電子報，二〇〇六年二月六日
13.〈全球最大鋼廠——阿賽洛．米塔爾搶登陸〉，《聯合晚報》，二〇〇八年五月五日
14.〈全球鋼鐵龍頭入股鞍鋼，踢鐵板〉，《經濟日報》，二〇〇八年五月六日
15.〈米塔爾已控制阿賽洛近百分之九十二股權〉，新疆天山網，二〇〇六年七月二十七日
16.〈世界第五大富豪——拉克希米．米塔爾〉，世界商業報導，二〇〇七年九月

十一日
17.〈鋼鐵大王米塔爾：欲吞全世界鋼鐵業〉，《經濟參考報》，二〇〇六年三月二十日
18.〈百煉成鋼王：米塔爾的全球併購戰略〉，世紀經濟報導，二〇〇七年三月三日
19.〈宜家創始人英瓦爾．坎普拉德的小故事〉，和訊理財網，二〇〇六年五月二十三日
20.〈新「世界首富」英瓦爾．坎普拉德〉，中國文壇網，二〇〇五年十月二十七日
21.〈英格瓦．坎普拉德：把公司當「家」的人〉，《首席執行官》，二〇〇五年十月二十日
22.〈李嘉誠的管理心得〉，南方網資料，二〇〇三年十二月三日
23.〈李嘉誠的創業之路〉，南方網資料，二〇〇三年十二月三日
24.〈李嘉誠教子之法〉，南方網綜合，二〇〇三年十二月三日

25. 〈十億美元級富豪之戰〉，《富比士》（Andrew Farrell撰），二〇〇八年四月二十五日
26. 〈只要做對的事，財富像趕不走的影子〉，《商業週刊》（吳修辰撰），二〇〇七年二月，第一〇〇四期
27. 〈蕭登．艾德森：做事一定有自己的特點〉，中國廣播網，二〇〇七年九月十一日
28. 〈蕭登．艾德森主席——被名為會展業最具影響力人物之一〉，《文匯報》，二〇〇七年十月二十七日
29. 〈世界第一賭場仍在瘋狂擴張〉，《紫荊雜誌》網路版（曾坤撰）
30. 〈美國賭王謝爾登傳奇：從賣洗髮水到世界第三富豪〉，《新民週刊》（欒習芹撰），二〇〇六年十一月一日
31. 〈法國首富，買名牌從不失手〉，《世界新聞報》，二〇〇六年九月二十二日
32. 〈全球最有錢未婚女性排行榜〉，新華網，二〇〇四年十月十日
33. 〈甲骨文艾里森年賺一點九億美元稱冠〉，《經濟日報》，二〇〇八年五月四

日
34.〈甲骨文二〇〇八第三財季業績喜人，叫板IBM〉，賽迪網，二〇〇八年三月二十八日
35.〈科技富豪與他們的大玩偶〉，e天下雜誌（桂其馨編譯），二〇〇二年三月日
36.〈美國最富有家族——沃爾頓家族揭秘〉，雅虎財經網，二〇〇五年四月十三日
37.〈零售巨頭老闆沃爾頓：生活簡樸的世界首富〉，《經濟參考報》，二〇〇三年五月二十日

世界十大富豪—他們背後的故事

作者	張晏齊
發行人	林敬彬
主編	楊安瑜
編輯	吳瑞銀
內頁編排	帛格有限公司
封面設計	玉馬門創意設計有限公司
出版	大都會文化事業有限公司　行政院新聞局北市業字第89號
發行	大都會文化事業有限公司 110台北市信義區基隆路一段432號4樓之9 讀者服務專線：(02)27235216 讀者服務傳真：(02)27235220 電子郵件信箱：metro@ms21.hinet.net 網　　址：www.metrobook.com.tw
郵政劃撥	14050529 大都會文化事業有限公司
出版日期	2008年6月初版一刷
定價	250元
ISBN	978-986-6846-40-3
書號	98025

First published inTaiwan in 2008 by
Metropolitan Culture Enterprise Co., Ltd.
4F-9, Double Hero Bldg., 432, Keelung Rd., Sec. 1, Taipei 110, Taiwan
TEL:+886-2-2723-5216 FAX:+886-2-2723-5220
E-mail:metro@ms21.hinet.net
Website:www.metrobook.com.tw

國家圖書館出版品預行編目資料

世界十大富豪—他們背後的故事 / 張晏齊編著 -- 初版. -- 臺北市 : 大都會文化, 2008.6
面； 公分. -- (人物誌 ; 98025)
參考書目：面
ISBN 978-986-6846-40-3 (平裝)

1.企業家 2. 傳記 3. 企業管理 4.成功法

490.99　　97009091

大都會文化 **大都會文化** 讀者服務卡

書名：世界十大富豪—他們背後的故事

謝謝您選擇了這本書！期待您的支持與建議，讓我們能有更多聯繫與互動的機會。

A. 您在何時購得本書：______年______月______日

B. 您在何處購得本書：____________書店，位於___________(市、縣)

C. 您從哪裡得知本書的消息：

1.□書店 2.□報章雜誌 3.□電台活動 4.□網路資訊

5.□書籤宣傳品等 6.□親友介紹 7.□書評 8.□其他

D. 您購買本書的動機：（可複選）

1.□對主題或內容感興趣 2.□工作需要 3.□生活需要

4.□自我進修 5.□內容為流行熱門話題 6.□其他

E. 您最喜歡本書的：（可複選）

1.□內容題材 2.□字體大小 3.□翻譯文筆 4.□封面 5.□編排方式 6.□其他

F. 您認為本書的封面：1.□非常出色 2.□普通 3.□毫不起眼 4.□其他

G. 您認為本書的編排：1.□非常出色 2.□普通 3.□毫不起眼 4.□其他

H 您通常以哪些方式購書：(可複選)

1.□逛書店 2.□書展 3.□劃撥郵購 4.□團體訂購 5.□網路購書 6.□其他

I. 您希望我們出版哪類書籍：（可複選）

1.□旅遊 2.□流行文化 3.□生活休閒 4.□美容保養 5.□散文小品

6.□科學新知 7.□藝術音樂 8.□致富理財 9.□工商企管 10.□科幻推理

11.□史哲類 12.□勵志傳記 13.□電影小說 14.□語言學習（____語）

15.□幽默諧趣 16.□其他

J. 您對本書(系)的建議：

____

K. 您對本出版社的建議：

____

讀者小檔案

姓名：______________ 性別：□男 □女 生日：____年____月____日

年齡：□20歲以下 □21～30歲 □31～40歲 □41～50歲 □51歲以上

職業：1.□學生 2.□軍公教 3.□大眾傳播 4.□服務業 5.□金融業 6.□製造業

7.□資訊業 8.□自由業 9.□家管 10.□退休 11.□其他

學歷：□國小或以下 □國中 □高中／高職 □大學／大專 □研究所以上

通訊地址：____

電話：（H）______________（O）______________ 傳真：______________

行動電話：______________ E-Mail：______________________

◎謝謝您購買本書，也歡迎您加入我們的會員，請上大都會文化網站 www.metrobook.com.tw 登錄您的資料。您將不定期收到最新圖書優惠資訊和電子報。

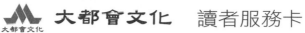

世界十大富豪

他們背後的故事

北區郵政管理局
登記證北台字第9125號
免　貼　郵　票

大都會文化事業有限公司

讀　者　服　務　部　　　收

110台北市基隆路一段432號4樓之9

寄回這張服務卡〔免貼郵票〕
您可以：
◎不定期收到最新出版訊息
◎參加各項回饋優惠活動

大都會文化
METROPOLITAN CULTURE

大都會文化
METROPOLITAN CULTURE